电子通讯
技术的发展与应用研究

张　辉　白博淳　著

吉林科学技术出版社

图书在版编目（CIP）数据

电子通讯技术的发展与应用研究 / 张辉，白博淳著
. -- 长春：吉林科学技术出版社，2020.10
ISBN 978-7-5578-7615-9

Ⅰ．①电… Ⅱ．①张… ②白… Ⅲ．①电子商务—通
信技术—研究 Ⅳ．① F713.361

中国版本图书馆 CIP 数据核字（2020）第 193619 号

电子通讯技术的发展与应用研究

著　者	张　辉　　白博淳
出 版 人	宛　霞
责任编辑	隋云平
封面设计	李　宝
制　版	宝莲洪图
幅面尺寸	185mm×260mm
开　本	16
字　数	190 千字
印　张	8.75
版　次	2020 年 10 月第 1 版
印　次	2020 年 10 月第 1 次印刷
出　版	吉林科学技术出版社
发　行	吉林科学技术出版社
地　址	长春净月高新区福祉大路 5788 号出版大厦 A 座
邮　编	130118

发行部电话/传真　0431—81629529　　　81629530　　　81629531
　　　　　　　　　　　　81629532　　　81629533　　　81629534

储运部电话　0431—86059116

编辑部电话　0431—81629520

印　刷	北京宝莲鸿图科技有限公司
书　号	ISBN 978-7-5578-7615-9
定　价	55.00 元

前　言

作为现代信息化的基础，电子通讯技术在各行业、各领域发挥着无可取代的作用，它为人们的生产与生活提供了巨大便利，近些年，电子通讯技术在更多的领域得到了普及和应用。电子通讯技术的在生产与生活各领域的普及应用，不仅为人们提供了巨大便利，同时也丰富了人们的生活，提高了人们的生活品质，改变了人们的生活与生产方式，推进了当代社会的现代化进程。可以说，电子通讯技术是时代进步的产物，是人类社会不断需求更高层次发展的必然产物，何更好的利用和发展电子通讯技术，使其更加高效的在未来为社会生产生活服务，是我们从业人员共同面对和思考的问题。本著作将从以下五个方面试图对电子通讯技术的发展与应用进行系统的研究和梳理：电子通讯技术概述、电子通讯技术理论发展与创新、电子通讯技术应用发展与创新以及电子通讯技术的实践与应用。

从目前的形势来看，电子通讯技术在我国众多领域得到了应用，并且都发挥着重要的作用，大大提高了人们工作的效率以及生活品质，也改变着人们的生活与生产方式。在此趋势下，人们对电子通讯技术的依赖程度越来越高，所以进一步研究电子通讯技术在各领域的应用是非常必要的。

就当前的形势来说，经济利益是社会和企业都在追求的发展目标，由此可见，目前最当务之急需要解决的是，在追求经济发展的过程中最重要的两个因素，降低生产成本和改良电气设备。电气设备由于其自身的形式，型号，价格等特征，致使其在使用和维护的过程和方法的使用都是不一样的。企业就可以从电气设备的管理成本入手，严格限制成本的投入并且要保证做到在低成本的基础之上加强监督力度，从而不仅做到了减少投入成本，提高经济利益，也确保了生产过程中的电气设备的良好使用。

电子通讯技术的在生产与生活各领域的普及应用，不仅为人们提供了巨大便利，同时也丰富了人们的生活，提高了人们的生活品质，改变了人们的生活与生产方式，推进了当代社会的现代化进程，可以说，电子通讯技术是时代进步的产物，是人类社会不断需求更高层次发展的必然产物，我们应该懂得利用和开发电子通讯技术，使其能够更好的人类服务。

目　录

第一章　电子工程设计概述 ……………………………………… 1

第一节　电子工程设计中的问题 …………………………… 1

第二节　电子工程技术的发展 ……………………………… 3

第三节　电子工程技术安全文化建设 ……………………… 5

第四节　电子工程技术的现代化 …………………………… 7

第五节　电子工程的静电保护 ……………………………… 9

第二章　电子工程技术 …………………………………………… 12

第一节　电子工程技术与五大技术的发展 ………………… 12

第二节　广播电视电子工程技术 …………………………… 14

第三节　电子工程设计的 EDA 技术 ……………………… 16

第四节　电子工程中智能化技术 …………………………… 18

第五节　单片机采用电子工程技术 ………………………… 20

第三章　信息与电子通讯 ………………………………………… 23

第一节　大型电子通讯企业信息安全管理体系建设 ……… 23

第二节　电子信息技术与移动通讯 ………………………… 26

第三节　电子通讯信息产业对高技能人才培养 …………… 28

第四节　信息通信技术、市民社会与可持续发展 ………… 30

第四章　电子通信技术概述 ……………………………………… 40

第一节　电子通讯产品结构设计 …………………………………… 40

第二节　电子通信设备的接地问题 ………………………………… 43

第三节　电子通信行业的技术创新 ………………………………… 46

第四节　电子通信设备的可靠性研究 ……………………………… 48

第五节　电子通信行业技术创新及产业化 ………………………… 51

第六节　电子通信产品 ESD 防护及具体方法 …………………… 54

第七节　研究电子通信技术工程化应用模式 ……………………… 56

第五章　电子通讯设计 …………………………………………… 59

第一节　电子通讯产品结构设计 …………………………………… 59

第二节　电子通讯产品的 ESD 防护设计 ………………………… 61

第三节　面向窄带的即时通讯软件设计 …………………………… 63

第四节　电子通信设备设计技术分析 ……………………………… 66

第六章　电子通信技术的基本理论 ……………………………… 68

第一节　电子通信技术的发展趋势 ………………………………… 68

第二节　智能电子通信技术的原理 ………………………………… 69

第三节　电子通信技术在社交上的影响 …………………………… 71

第四节　电子通信技术与现代生活 ………………………………… 73

第五节　电子通信技术的多领域应用 ……………………………… 75

第六节　无线电子通信技术应用安全 ……………………………… 78

第七节　电子通信技术同现代家庭生活的关联 …………………… 80

第七章　电子通信技术理论发展与创新 …………………………… 82

　第一节　电子通信设备的接地问题 ………………………………… 82

　第二节　电子信息技术与移动通讯 ………………………………… 85

　第三节　电子通讯导航设备的雷击浪涌保护 ……………………… 87

　第四节　电磁场与电磁波在电子通讯中的应用 …………………… 89

第八章　电子通信技术应用发展与创新 …………………………… 92

　第一节　电子通信设备的可靠性设计技术 ………………………… 92

　第二节　电子通信行业的技术创新探析 …………………………… 94

　第三节　电子通信设备的接地技术 ………………………………… 96

　第四节　电力电子通信设备及技术 ………………………………… 99

　第五节　电子通讯的预编码技术 …………………………………… 100

　第六节　电子通讯的多途径抗干扰技术 …………………………… 103

　第七节　无线电通信技术对汽车通讯的影响 ……………………… 105

　第八节　煤矿通信系统中应用无线以太网技术 …………………… 106

　第九节　光通信行业的发展与光纤技术 …………………………… 109

第九章　电子通信技术的实践与应用 ……………………………… 111

　第一节　电子技术在通信行业的应用 ……………………………… 111

　第二节　煤矿无线通信新技术的应用 ……………………………… 113

　第三节　光电子技术的发展综述及其应用 ………………………… 116

　第四节　计算机远程网络通信技术的应用 ………………………… 119

　第五节　计算机通信技术在电子信息工程中的应用 ……………… 121

第六节　数字电子技术在通信网络系统中的应用 …………………………… 123

第七节　计算机电子信息技术在即时通讯上的应用 …………………………… 125

第八节　无线通信技术在远程数据监控中的实际应用 ………………………… 129

参考文献 ……………………………………………………………………… 132

第一章　电子工程设计概述

第一节　电子工程设计中的问题

一、电子工程设计所存在的问题分析

整体发展方面分析：

（1）法律保障不完善。一个行业发展程度的高低与该行业的法律政策保障密切相关。在我国当前电子信息市场发展过程中，依然存在法律、法规不健全，法制保障不完善的情况。比如，相关行业知识产权法律缺少，针对行业间的知识产权纠纷问题吗，只能采用过往的知识产权法进行解决。因其法规条例宏观性较强，细化环节不足，故对电子信息市场的知识产权纠纷问题解决程度不彻底，降低了企业和研发人员的工作积极性，从而不利于整个行业和产业的发展。

（2）培养机制不健全。电子工程技术是一个技术性强的行业，对研发人员的技术水平和专业素质要求较高。考虑到我国此行业与发达国家相比，起步较晚，起点较低，因而行业人才培养机制系统性不足，高等院校与电子信息技术企业不能实现无缝对接，高校人才输出与产品市场脱节现象严重。

（3）发展战略不系统。一般而言，电子工程技术能够有效地调节和配置市场资源，形成具有自身行业特点的产业优势及特色。但其发展程度强弱离不开企业的发展战略。尽管近年来我国的电子行业规模集中程度不断提高，但多数企业在制定本企业发展规划时缺乏系统性和连续性，从长远来说这对电子信息技术的发展是极为不利的。

细节方面分析：

（1）忽视产品整体，设计态度不严谨。我国电子工程设计人员在进行产品设计时制定前期设计规划是行业内部规则。但对于部分设计人员来说，为了加快工程进度，节约设计成本，往往为了降低设计费用而忽略整个产品设计效果。例如，在设计电路时，如果因为降低设计成本，使电力线路规划不合理，势必会影响整体规划的设计效果，从而影响产品设计的质量。因此对于企业来说应该制定严格的产品研发和设计制度，加强产品设计的内部控制，杜绝此类事件的发生。

（2）理论知识缺乏，产品细节不规划。研发人员理论水平的高低对产品设计工作起到关

键性作用。毕竟技术创新能力靠人才，人才创新能力靠知识，因此如果设计人员理论知识缺乏系统性，积累不深，很可能在设计产品时对具体产品细节规划不足，影响整体产品设计质量。例如，在电子工程规划中应用静电效应时，如果对静电维护理论研究掌握不足，可能会在抗静电工作主要领域产生认识偏差，从而影响静电效应使用效率，导致电子工程设计中出现缺陷。

（3）设计不确定因素较多。随着电子信息技术的不断成熟，电子工程设计的难度和高度也在提高，在设计规划中面对的不确定性因素也越来越多。因为电子工程规划不同于产品生产，它有既定的行业规划准则和标准，同时规划还需要与实际需要相符合，不能随便进行设计研发。企业规划人员需要考虑规划的合理性、理论性、市场需求性、行业规则性等，其规划设计的影响因素较多，进而受到的不确定因素也较多。例如在规划和设计防雷系统时，对系统的安全性能、数据的分析样本、信息的测量精度及产品的实际应用程度均需要进行仔细的考量，对设计和规划过程中的不确定因素进行排除。

二、电子工程设计存在问题的对策

（1）完善相关法律法规。

相关政府部门应该根据现今我国电子工程技术发展现状，制定有效的法律法规政策，以为该行业的发展提供充足的法律保障。这样有助于提高研发人员的工作积极性，彻底解决行业间的知识产权保护问题，促使企业把更多精力放在产品研发上而不是与其他企业打官司上。

（2）完善电子工程企业的团队建设。

电子工程企业要立足于产业全局，加强企业内部的团队建设。对于有条件的企业可以打破企业自身限制，加强与其他企业团队间的合作交流，探索适合自身企业团队的发展模式。对于各电子工程企业来说，要不断联系产品市场，以市场需求为出发点，寻找和弥补团队建设中的不足和缺陷，打造团队的明显优势和产品竞争优势，利用行业竞争不断增强团队建设的力量。

（3）企业要以发展为目的实现良性竞争。

社会发展总是在不断发现问题、解决问题，再发现，再解决等诸如此类循环中发展的，行业和企业发展也不例外。对于电子工程企业来说，首先应该对自身企业实力有一个清醒的认知，根据企业实力制定适宜的发展战略；其次要根据市场需求进行良性竞争，不断加大研发投入，生产和开发消费者欢迎的产品；最后，针对竞争中存在的问题需要在既定的行业规则中进行和平解决，避免企业间发生恶性竞争或互打价格战的情况。

（4）提供良好的发展平台。

行业的发展离不开优质平台的打造与经营。对于电子工程行业来说，建立良好的发展平台，可以从以下方面入手：首先，政府应该制定适宜的产业发展政策，为电子工程技术发展提供充足的法律保障，从法律层面解决企业发展的后顾之忧，同时政府也可以利用财政、税收等政策优惠来提高企业研发的积极性；其次，企业应该制定长中短的发展战略，可以基于产品经营利润，定期抽取部分资金注入产品及新技术的研发中去，提高企业的技术创新能力，使企业发展形成良性循环；最后，对于整个电子工程设计行业来说，行业内部的企业应该加强合作交流，促进市场信息共享，建立市场竞争突发问题解决机制，以各企业信息交流合作为基础构建区域空间交流平台，整合区域内部市场资源，提高整个行业的竞争能力。

电子工程设计是信息技术快速发展的市场产物，它的行业发展水平离不开信息时代发展的大背景。对于我国电子工程行业及企业来说应该认清产业内部现状，利用政府政策引导，不断加强人才培养，加大研发投入，逐步提高自身自主创新能力，进而为革新行业及企业生产方式，促进社会经济发展，贡献应有的力量。

第二节　电子工程技术的发展

随着我国进入 WTO 以后，国内的发展形势大好，国内经济发展速度也上升到了一新的阶段。国内各行业在这种发展的良好形势带动下也以迅猛的速度发展和创新着，尤其是在高科技越来越普遍应用的当下，各电子网络的技术已经越来越多地被应用到各行各业中带动着其发展，中国也因此进入了一个全新的电子工程时代。

随着电子计算机与互联网技术的不断发展，网络技术也开始进入其发展的黄金阶段，这在很大程度上推动了电子技术作为独立产业的深入与持续发展。进入 21 世纪以来，随着互联网技术对经济发展、社会发展所具有的推动作用日益明显，电子工程及电子工程相关产业的重要性也开始突出出来。为了更好地促进电子工程技术的发展，推动国家综合国力的提高，必须要不断创新电子工程技术，促进电子工程技术的新发展。

电子工程技术作为一门独立的学科，主要是以计算机与网络技术为基本载体，对电子信息进行系统的控制与处理的学科，主要包括电子设备及相关方向系统的开发以及信息的有效处理等几方面的内容。从现阶段电子工程技术的发展来看，电子技术作为一项系统的技术与个开始出现产业链分化，多行业交叉的电子信息技术开始出现，很大程度上带动了一大批新兴产业的发展。电子工程技术与医学的交叉，有效推动了医学技术的深入发展，为攻克一个又一个的医学难题提供了解决思路。

一、简要叙述我国电子工程的主要内容

伴随着我国计算机技术以及互联网技术的不持续发展，我国的网络技术现在已经进入了发展的快车道，这样就使得我国的电子工程技术有了一个发展以及创新的技术支持以及动力，作为一项独立的产业，我国的电子工程技术已经在逐步地发展以及完善过程中。时间进入到21世纪，互联网技术的发展已经在我国的经济发展以及社会进步中起到了主要作用。电子工程技术作为互联网技术的一个主要分支，也在这一过程中凸显出了其重要性。因此，我国为了经济的发展以及社会的进步，必须大力发展电子工程技术。电子工程技术作为互联网技术的一个主要分支技术最主要的技术载体就是计算机技术以及互联网技术，电子工程技术就是

要依托上述的两种技术来对电子信息实行系统性的控制以及科学的处理。电子工程主要包含了两个大的方面。第一个是电子设备的系统开发；第二个是电子信息的科学有效处理。目前我国的电子工程技术发展较快，作为系统性的工程技术现在已经呈现了产业链的分化态势，我国的很多行业已经同电子工程技术有了较为科学的融合与交叉，这样的情况已经在我国带动了很多行业的共同进步以及发展，为我国的各项事业的发展贡献了力量。

二、电子工程的现代化发展趋势

在新的历史条件与发展阶段下，国家需要不断推动电子工程的现代化发展，推动电子工程技术、计算机技术、微电子技术的发展，全面实现社会的信息化与数字化。

不断完善相关科技法规与政策。电子工程产业的发展与完善，以及电子工程产业与医学领域及其他相关领域的结合发展，均需要不断推动计算机与网络环境下的三网融合，不断提高相关技术标准与产业标准，保证产品的创新性，充分发挥国家政策融资优势，不断完善相关的科技法律规定与政策。重点推动中小企业电子工程的发展，突出电子工程对医学与其他领域的贡献，发挥政府在改革完善过程中的基本保障性作用，推动电子工程产业的全方位系统化发展。

不断推动产品的有效融合，实现产品创新。电子工程技术与产业的发展，需要电子工程企业与其他相关部门之间实现有效的合作，不断推动电子产品的生产，不断寻找产品的创新点，并提高应用的规模，创建完善的创新与改革机制体系，全面推进电子工程产业的创新性发展，推动产业技术研发能力的提高，进而推动整个电子工程产业的体系完善。

不断推进电子工程产业与企业的技术性改造。电子工程产业类企业要从企业自身实际发展状况、未来发展方向等角度入手，不断从自身做起，深化产业产品创新体制改革，优化企业内部管理结构与管理模式，不断增加融资性投资机构，推动电子工程产业实现技术上的深入发展与突破，并在此基础上不断调整自己创新发展的基本战略，实现与其他电子工程企业的联合，并推动形成与国际电子工程产业标准的有效对接，从而保证电子工程企业真正实现持续发展。

推进产品和服务的融合创新，培育新的增长点。加强设备制造企业与电信运营商的互动，推进产品和服务的融合创新，以规模应用促进通信设备制造业发展，加快建立以企业为主体的技术创新体系，提高我国电子信息工程产业的核心技术研发与制造能力，促进技术创新和业务创新，推进科研基础平台建设和共享机制、创新服务体系的建设。

国家与政府加大扶持力度。底子工程的发展需要有国家的政策与财政支持，因此国家需要不断增加政策与财政支持力度，政府相关部门要以电子技术的深入发展为主要发展切入点，不断加大对电子产业的扶持力度，拓宽电子产业融资渠道，深化计算机技术的普及，并不断鼓励新兴的电子产业的发展，奖励电子产业与医学及其他相关学科的有效结合及产生的优秀成果，不断规范电子工程行业的基本标准，推动电子工程的现代化发展。

三、简要叙述我国电子工程进一步发展需要实施的相关措施

现阶段根据我国对电子工程的进一步发展规划以及思路，我国的电子工程行业需要切实

有效的实施相关的保障发展的措施，这样才能够在根本上保障我国的电子工程进一步的取得良好的发展。措施一：要在电子工程产业中不断的创新产品以及相应的服务，不断寻找以及培养新的技术增长点。措施二：我国电子工程相关管理部门要鼓励一系列软件以及集成电路的发展扶持政策，不断完善相应的科技标准以及政策。措施三：我国要大力推进电子工程相关企业的技术创新改造。措施四：我国的电子工程技术企业要不断强化技术保护意识，严格遵守相关的知识产权规定。

四、简要叙述我国电子工程技术在我国建筑行业中的主要应用

通常我们将建筑物防雷装置分为两大部分：外部防雷装置和内部防雷装置。外部防雷装置是传统的常规防雷装置，其作用是保护建筑物免遭直击雷，除外部防雷装置外，所有防雷保护的附加措施均为内部防雷装置，措施主要有屏蔽、均衡电位（等电位）、合理布线和良好接地等，其作用是减少建筑物内的雷电流和电磁效应，以防止雷电感应所造成的反击、接触电压及电磁脉冲等雷害。

电子工程产业是我国经济发展的新的增长点，为了更好地发展国民经济，在政府的政策引导下，应该发挥社会各方面的力量，重视电子工程的发展，使其走向现代化，国际化，更好地促进我国综合国力的提高。

第三节　电子工程技术安全文化建设

随着我国经济的高速发展和增长模式，未来对电力的需求也再一直增加，这对电力行业发展的稳定、健康乃至持续发展提出了更高的要求。没有电力，就没有现在高速发展的信息时代，它是现代社会保持高速发展的基础。伴随着电力时代的进步，电力安全成了不可小觑的问题，因此它需要电力工程企业全员的重视，他们身上担负着社会安全与生命安全的双重使命。

自18世纪开始，西方科学家开始研究电流现象，直到19世纪末期，由于电机工程学的进步，才把电带进了工业和家庭中，作为能源的一种供给方式，它给人们、给整个这个世界带来了翻天覆地的变化。时至今日，我们的方方面面都离不开电能，它早已融入我们的生活，成为我们身边中不可或缺的一部分。

然而，电能带来的不仅仅是惊喜，还有时时刻刻对人们的警醒 -- 安全。它的危险性也是极高的，稍有不慎，就会引起火灾，陨害生命。因此，作为负责承载电能输出的电力企业，安全文化的建设与实施成了企业工作的重中之重，也是电力企业不可推卸的责任与义务。

一、电力工程管理与安全的基本现状

电力工程安全管理制度不完善。每个行业都有相应的规章制度，国家也有相应法律法规。

但随着时代潮流的进步，电力设备也在不断更新，加上社会实践的增多，不少新的安全问题浮出水面，有待电力工程管理人员解决。因此，电力工程安全管理人员应定时开展安全研讨会，大家互相交流，增长经验，把安全系数提高，安全隐患降到最低。安全文化的建设的管理是一个相对漫长的发展过程，它需要相关制度的规定，需要全体电力工作人员的遵守，需要全体工作人员的参与完善。

电力工程管理从业人员整体素质有待提高。尽管每个社区，每个村落，都配有电力管理员，但往往是没有经过正规培训直接上岗，个人素养与专业能力往往不能胜任这一带有高度责任感的岗位，并且安全意识不强，做事效率拖拉，对于安全隐患问题不能及时解决，有时多等待每一分，每一秒，都会引起火灾，人员伤亡等不堪设想的后果。甚至会有个别电力管理员，在检查线路时，粗心大意不佩戴绝缘手套，不用电笔测试是否有点，不关闭设备就直接断闸，这样都很容易发生危险。

电力工程管理中安全管理工作不能落实。现在很多电力企业工程施工与电力企业工程安全管理都存在脱节现象。在电力施工过程中，施工团队往往会根据实际情况，更改设计方案，这种情况并不会反映给安全管理部门，极易增加电力安全隐患，同时，由于安全管理部门的懈怠，也不会对电力施工过程中的每一步进行有效监督。加上电力领导对安全问题的重视程度不足，一旦出现任何问题，企业与是公共单位只会互相扯皮，互相推诿，并没有对自身存在问题进行检讨。

二、电力工程管理中安全文化的建设

树立并提高安全责任意识。动员全体电力员工，培养安全责任意识，宣传安全责任大于一切等标语，坚持以人文本，根据不同部门的工作内容，划定合理的安全责任区。一切以安全生产为基础，不定期进行安全信息交流。对于电力工程下属承包单位，一定要严格审核施工资质，实行公开竞标，排除因靠人际关系而流入的资质不全的关系户，签订安全协议，明确双发的责任与义务。电力施工工期一般都比较长，建设过程中也需要大量的资金，以及大量的人力物力，涉及的工种也比较多，施工过程复杂，这更需要我们做好足够的安全准备。在电力施工过程前，对施工人员进行安全与专业技术考核，考核达标者才可参与施工，并发放个人安全装置，学会辨认现场危害因素，应急措施及医疗急救知识；然后在施工现场宣传安全警示标语，提醒施工人员安全的重要性，这不仅是对参与施工人员的个人生命安全的保证，还是对整个电力工程质量的安全性保障；在施工过程中，安全监测人员从设备引进开始，就要对设备进行安全检查，保证电力设备是合格的、标准的，防止不法分子以次充好。其次是电力的线路质量，到施工人员的操作的顺序，步骤是否得当，有问题及时沟通解决。最后，在完成电力工程后，对后续负责养护的电力工作人员进行电力施工过程讲解，需要注意事项，都应交代清楚。

提倡预防为主的安全生产理念。身为电力工程部门从业者，更应该知道安全的重要性。安全问题一旦出现，必定会造成不可估量的损失，因此应大力提倡预防为主的安全理念，每天定时检查电力安全设施，提前佩戴绝缘手套，随身携带电笔，线路出现故障时，先关闭设备，然后断分闸，最后断总闸，把一切危险降到最低；并做好登记记录，包括使用日期，修理日期，零件更换日期，最大力度排除一切安全隐患，对有安全隐患的设备进行及时修复。同时欢迎社会各界人士对电力安全问题提出宝贵意见或建议，也欢迎人民群众对有安全隐患的电力设备致电相关部门，最大程度降低灾害的发生。

电力工程主管部门做好安全培训工作。安全问题并不是纸上谈兵，它应建立在每个人的心里，成为某种意识，这时电力部门领导要做好员工安全培训工作，把员工日常工作中的每一项安全监测都落到实处，并欢迎员工对安全问题进行提议、改进。

三、电力工程管理中安全文化建设的意义

对电力工程的安全管理，不仅仅是对家庭、对工作、对个人生命的负责，同时也是对整个社会的负责。在安全管理问题上，我们要继续坚持以人文本，树立安全生产观，以可持续发展为根本，推动电力工程安全文化建设的发展。同时在可预见性的问题上，积极鼓励工作人员，不断完善，提高生产作业，加强安全预警，做到防患于未然。安全生产问题，从来都不是一个人的工作，而是全体电力工作人员的共同努力。

电力工程安全文化是电力企业长久立足的根本，在日新月异的当今社会，诚信对于一个企业而言尤为重要，不把生产安全放在第一位的电力企业，必定失信于人民，失信于国家。只有建立安全生产的管理机制，才能让电力企业在这片热情的土地上扎根，壮大，才能让企业更好的发展，更好地为社会，为人民服务。

第四节　电子工程技术的现代化

电子工程技术是当代应用非常广泛的一门科学技术。电子科学技术实际上属于电气工程，主要以计算机网络为基础，实现对电子信息系统的调控和操作的一门科学。电子工程技术的最大特点，就是能够实现行业的智能化，大大提高了各行各业的生产效率，因而应用范围非常广泛，为我国的国民经济发展做出了很大的贡献。此外，电子工程技术主要以电子产品的研发和制造为主，而这些电子产品正好是计算机、智能制造和交通运输等行业的关键生产资料。由于电子工程技术在工业和制造业等领域的重要作用，国家历年来都重视对电子工程技术的发展。人才培养，新产品的研发和制造工艺的优化都是电子工程技术发展的主要方向。

一、电子工程技术发展的重要性

尽管电子工程技术在各个行业发展中做出了很大的贡献，但是，随着经济的不断发展，工业、制造业和交通运输业发展一定程度后也遇到了许多技术瓶颈。因此，经济的发展对电子工程提出了更高的要求，现代化也必然成了电子工程技术的发展趋势。

我国的电子工程技术应用广泛，行业发展也取得了很大的成绩。对于电子工程的关键和核心技术，我们还不能熟练掌握。这是现在我国电子工程发展的最大壁垒。由于核心技术的缺失，我国很多的电子零件只能从国外进口，这些产品价格高，运输周期长，显然无法满足我国现代经济发展的需要。因此，发展我国的现代化电子工程技术就成了急需解决的问题。

电子工程技术发展的目的是与其他行业的融合，电子产品为其他行业的发展提供关键的生产资料。对于计算机、互联网和智能机器等行业而言，这些行业发展迅速，技术实力也越来越强大，对材料等零部件的要求也越来越高。电子工程技术要想仍能与这些行业一体化，加大融合力度，也只有加大现代化发展的速度，这也是现代社会发展的基本需要。

电子工程技术的现代化对推动我国经济发展的现代化和人民生活水平的现代化有着很重要的意义。电子工程行业的现代化，能够有效促进我国工业现代化的发展，同时，现代化产品也丰富了人们的生活方式，促进了人民生活水平的现代化。

二、电子工程技术的应用

电子工程技术的应用范围很广，其应用水平也体现了一个国家的信息化发展程度。对于电子工程技术而言，其最大的一个应用领域在于单片机方面。

单片机的发展决定了计算机的集成化和微型化。我国单片机发展起步晚，许多技术还不能熟练掌握，产品的生产制造业存在很多问题，而电子工程技术的现代化发展能够帮助单片机的创新和进步。单片机中的通信接口、串行通信和仪表连接等方面都可以用到电子工程技术。电子工程技术能够解决单片机与计算机的连接、帮助单片机的数据传输，实现单片机高集成度和微型化的发展。

再者，电子工程技术的现代化也与智能制造向联系。电子工程技术可以通过电路优化、控制系统和网络的设计，使得传感效率提高。同时，电子工程技术还可以应用于医学领域，医学中的一些核磁共振、X射线等医疗设备都能应用到电子工程技术。电子工程技术还可以促进医疗设备的信息搜集和传输、图像化的过程，帮助医院提高医疗水平，实现科学管理和工作。

此外，现代化电子工程技术在治理水污染方面也开始得到了应用。随着我国经济发展，工业污水排放和城市生活污水的治理问题成了社会关心的主要问题。电子工程技术能够有效提高污水监测和污水处理机械的工作效率，为无污染的治理提供了很好的技术支持。随着我国环保意识的增强，环境问题的日益严重，电子工程技术在水污染治理或者其他污染治理方面的应用将得到进一步推广。

三、电子工程技术发展方向

未来，我国电子工程技术的发展主要依据于经济现代化发展，以突破核心技术，服务经济和社会发展为主。其中，电子工程技术发展首先以满足市场发展需求为主。在市场经济时代，只有能够运用于市场，满足市场需求的技术才能得到有效地推广和发展，因此，满足市场发展需求是电子工程未来的主要方向。

针对我国电子工程核心技术掌握程度不高的问题，未来，加大对该类技术的自主创新是工作的重点。随着各个行业对电子工程技术要求的增高，电子工程技术的创新和工艺优化是一项艰巨而又极具意义的工作。自主创新不仅能促进电子工程的快速发展，也能为我国科技力量的提高和竞争能力的增强很有帮助。此外，电子工程技术的现代化要以服务经济和社会发展为主。技术的进步是以服务社会和经济发展为目的的，因此，电子工程技术的现代化发展方向也要符合人民生活现代化和经济现代化的发展，促进行业的进步和生活水平的提高。

第五节　电子工程的静电保护

这里所提到的电气工程从传统意义层面的说法则是说使用在创造产生电气和电子系统的所有学科的总和。然而受到日新月异发展的科学技术的影响，这也就会导致处在现代电气工程已经早突破定义中对其予以涉及的广泛范围。

根据对电子工程进行分析，那么就能够了解到从本质上电子工程属于电气工程的一个子类，还是属于面向电子领域的工程学，属于进行电路和电磁场、系统、微波、通信技术、数字信号处理等这些领域研究的一门工程学。另外还必须进行充分了解的是，电子工程还可以将其叫成信息技术或者弱电技术，能够更为深入的划分成为三种具体的技术，这三种技术所存在的差别为：电子技术、调整技术与电测量技术，随后通过将其界定在具体性的应用层面来看，不只是包含着各种类型的电动设备，除此之外，往往还会涵盖着运用了信息技术、计算机技术、控制技术等各种不同类型的技术的各种电动开关，以上所提到的开关和设备能够为当前我们平常的那些工作、学习、生活带来比较大的方便，并且属于当前我们的生活必不可少的一部分内容，针对这样的情况，能够有效地体现出电子技术与电子工程发展所面临的十分重要的意义。

一、产生静电与导致的各种类型的影响

根据对静电现象进行分析，那么就能够发现其所出现的静电除尘、静电涂敷、静电复印等这些方面能够为我们带来比较多的便利，然而静电现象还能够在我们的日常生活当中，尤其是电子与微电子工业生产领域带来比较多的危害与不便。由于当前高速发展的电子工业背景下，人们跟能够为注重静电所导致的危害。

在这里所涉及产生的静电，更为本质的就是指静电的存在形式，静电将其简单化，那么这也就是指存在于物体表面不足或者过剩的静电电荷，相应的静电产生或者是存在仅仅是属于处于某一特定领域范围内的正电荷和负电荷两者之间出现失衡导致的，然而在当前我们的日常环境中静电现象是属于一种十分普遍的现象，比如通过使用塑料的梳子梳理头发的过程中，那么导致的情况是头发并不会熨帖从而相互之间排斥而出现飞起来的情况，除此之外，还有的就是说在相对比较干燥的秋季与冬季这样的季节里，如果人们脱衣服的

话往往可以听见噼啪的声音，这些所指的都是属于静电的表现形式。按照针对以上能够总结到产生静电主要存在着以下的几种方式，主要的类别为温差、电解、冲流、接触、压电、冷冻、摩擦等。

随着在产生或者存在相应的静电之后，那么就会导致处于周边的环境中可以形成相应的静电场，这样的静电场就会紧接着导致出现静电感应效应、放电效应、力学效应。按照这些不同的效应所存在的各自不同的特征，那么就会不同的影响着周边存在的物体，力学效应所造成的影响仅仅涉及的是对于轻小物体的吸附作用；电力效应则会导致电子电流进行流动，导致初夏热与发出一定程度的声响，而且在这一过程中，还能够导致出现宽频带电磁辐射，凭借着相应的介绍，那么就能够了解到以上所提到的这些效应根本就不会导致出现比较大的危害。然而处于电子工业领域范围内，就会存在着更为严重的危害，特别是处于微电子工业领域导致的危害，以下则是针对具体的三个方面对其所导致的危害实施阐述：第一就是基于力学效应层面进行分析，所导致出现的静电吸附特别大的危害着半导体的制造，使得半导体的成品率得到特别严重地降低；根据对比之前的两种效应，最为严重的危害则是通过静电的放电效应所导致的，这能够使得击穿破坏元器件，这样的危害就是指 ESD，其主要的形式为软击穿与硬击穿，这里所提到的硬击穿所指的就是属于一次性导致击穿、烧毁等芯片介质出现永久性失效；软击穿所指的就是导致器件的性能劣化或者降低参数指标而逐步形成的隐患，那么在使用过程中，受到器件出现的参数变化很可能导致整机运行不正常，或者是通过一段时间的运行之后不能正常工作，从这就能够发现，与硬击穿进行对比，软击穿往往存在着更大的危害。除了以上所提到的之外，静电感应与静电放电过程中所导致的电磁脉冲还能够破坏静电敏感器件。

二、电子工程领域静电防护的措施

根据以上所介绍的导致静电危害的主要为静电场导致的三种效应，那么以下则是按照这样的三种效应，相继提出几种电子工程领域静电防护的具体措施。

划分防静电工作区域。针对所提出的这样的途径，那么其主要的必须要做到十分明确的分离出来各个不同的技术要求、规格的电子元件、配件等制造要求，借助于具体的模拟实验将静电敏感的级别予以鉴定，基于此根据这样的标准决定实施生产的具体车间，以便能够从根本上将电子工程中静电影响敏感期间有效避免。

防静电工作区基本环境要求。根据对静电工作区环境的基本要求就是必须确保拥有着整洁的周边环境，可以有效地避免堆积灰尘或者是漂浮的状态发生，而且在这一过程中，还应该对环境中涉及的各种类型的材料与材质充分考虑，天花板、底板等这些都必须有效遵循这一原则，还可以对环境适宜的温湿度提供保证等。

人体防静电系统与防静电设备的投入使用。由于电子工程实施必须依托人的参与，那么就应该实实在在的保证人体的防静电系统。首要的就是存在着鞋帽、衣着要求，那么应该根据要求着装，如果有必要的话还应该是存在着规定的防静电设备；而具体性的防静电设备有着比较多的类型，那么应该根据具体的环境不同实施相应的搭配与选择，其必不可少的有容器、存放架、防静电辅助工具、包装、防静电运输工具、防静电安全工作台等。

　　电子工程往往发挥着十分关键的作用在我们平常的日常生活中，而且在这一过程中，还能够更为深入地了解到静电存在的各种效应极大的危害电子工程。针对这样的情况，那么就应该切实意识这点，下大力气借助可以联想到来的具体途径当成最佳的静电防护，确保能够稳定、安全持续发展电子工程，以便可以为整个社会与国家进步起到有效的推动作用。

第二章 电子工程技术

第一节 电子工程技术与五大技术的发展

随着电子工程技术的发展，对很多领域会产生重大的影响。本节从国防事业的发展、汽车行业的发展、商务发展、标签技术发展、医学的结合几个领域进行详细阐述。

一、电子技术与国防发展研究

电子技术在国防事业的结合，产生了军事电子技术的概念。军事电子技术是指在军事系统和装备中使用的电子技术，包括军事电子材料、军用电子元器件、军用软件、军事通信技术等。微电子技术是保持军事技术领先的重要基础，在以信息技术为表征的新军事变革中更具有特殊的战略地位。目前，信息技术的突飞猛进已把电磁频谱的竞争开发推至白热化阶段，具体表现在电子元器件开发上，就是寻求能更适合更高频段、更宽频谱、更高工作温度和更高可靠性的材料和器件，这引发了宽禁带半导体器件等新型军用微电子器件的开发热潮。在我国国防事业中，电子技术作为改进和提升国防军事装备的一门重要技术越来越明显。军事电子技术提升了我国国防电子企业的研发水平和生产水平，从而也推进了国防事业的稳定健康的发展。国防电子企业以电子技术和信息技术的优势不断提升自己，使自己始终与新国防军事变革的需要相匹配，同时也优化了整个国防电子工业的布局，使之更加合理、可靠。如今，信息网络技术是各种武器平台的重要支撑，电子设备在各种武器装备中的应用使武器装备更具有智能化的功能。目前，世界军事环境和全球市场需求的日益变化，使我国国防电子企业相应地做出调整，这是其生存之本。总而言之，现代电子技术的迅猛发展正在推进军事电子技术的高速进步，信息化、网络化技术是未来国防军事装备的关键技术。

二、电子技术与汽车行业发展

电子技术在汽车行业中的运用，形成了汽车电子技术。汽车电子技术是指汽车上应用的电子化和电子信息技术及相关电子技术的总称，目前，汽车行业在电子技术的支持下，已经进入电子控制的时代。汽车上装备而来大量的越来越高级的电子装置，这些装备推进着汽车向智能化、舒适化、安全化、环保化方向发展，成为"电子智能汽车"。有些专家甚至预言，未来的汽车就是"一台电脑＋四个轮子"。目前，汽车电子技术也正处于全面快速发展的阶段，其特征主要体现在：①功能多样化；②技术一体化；③系统集成化；④通信网络化。现代汽车电子技术是提高汽车整体性能的保障，其功能上包括舒适性、安全性、经济性、操纵性、动力性、能源节约性和环保性等。汽车电子技术在功能多样化、系统集成化、体积微型化、系统网络化等方面取得一个又一个的突破，这也迎合了人们对汽车的安全、环保、舒适、娱乐等要求的逐步提高。汽车电子技术已经进入了人 - 车 - 环境三位一体的和谐关系的阶段。汽车电子技术显著地改善了汽车的综合水平，使之在安全、节能、环保、舒适等各方面都有长足的进步，而汽车电子技术本身也从单个部件电子化发展到总成电子化、网络化、智能化、环保化、安全化、智能化、综合化、信息化。

三、电子技术与商务发展

电子商务是大家比较熟悉的一个概念。它通常是指处于全球不同地方的广泛的商业贸易活动中，在 Internet 开放的网络环境下，基于 Browser/Server 的方式，买卖双方不谋面地进行各种商贸活动，即消费者进行网上购物，商户之间进行网上交易，以及买卖双方进行各种商务活动、交易活动、金融活动和相关的综合服务活动。电子技术涉及了商品的整个运转周期中的各种大大小小的商业活动。这里仅说说电子化采购。电子化采购是由采购方发起的一种采购行为，是一种利用 Internet 网络进行的不见面的交易，如网上招标、网上竞标、网上谈判等。电子化采购不仅仅完成采购行为，而且利用网络技术对采购全程的各个环节进行管理，可有效地整合采购资源，提高采购效率，帮助供求双方降低成本。

四、电子技术与标签技术发展

电子信息技术的飞速发展，推动了各行各业大步地向前发展，甚至是质的飞跃。电子技术与标签技术的结合，就形成了电子标签技术，电子标签又称为 Tag、SmartLabels 或者智能标签。它的核心技术是无线射频识别技术，或称射频识别技术（RFID）。可以说，它是 IC 卡技术的拓展，是微电子技术和新型芯片封装技术相结合的产物。电子标签通过采用一些先进的技术手段，实现了人们对各类对象在不同状态下的自动识别和管理。电子标签技术在近些年发展迅猛，被公认为是 21 世纪较有发展前途的信息技术，目前已广泛地应用于工业自动化、智能交通、物流管理、海关检测管理、身份认证等多个领域。

五、电子技术与医学的结合

传统病历的媒介是纸质的，将传统病历与电子技术挂钩，形成一种新的记载病人历程的方式，这就形成了电子病历。美国国立医学研究对电子病历的定义是这样的：电子病历是病人的一些电子化的记录，它包括病人基本信息的记录、病人健康的记录、病人临床记录、医疗保健的记录等。电子病历打破了病历传统的概念，使病人的各种信息更加丰富，而且易于管理。电子病历是病人资料的数字化档案库集合，如病人身份信息、检验报告信息、影像诊断报告信息、病历记录、医嘱治疗记录、药品使用信息。这些通过一些有好的界面展现在管理者的面前，更加便于医生诊断。通过信息化服务，医生在任何地点和时间都可以获取病人的相关信息，为医生提供决策，这就避免了重复检查，提高了用药的合理性，提高临床检验、处方、处置的效率，降低患者诊疗成本。电子病历的出现给管理者和病人双方都带了很多好处，是双方在信息透明的情况下互动，这就可以建立一种和谐的医患关系。随着电子技术的不断进步，一些新技术逐渐投入使用，网络化的广泛普及，以及第三代数字通信（3G）时代的发展，都将推进电子病历更深入的发展。

第二节　广播电视电子工程技术

广播电视属于一种传统的媒介工具，在社会中起到了传递信息的作用，同时还会影响人们的生活和工作。在科学技术发展的推动下，广播电视电子工程技术也实现了快速发展。本节通过对广播电视电子工程技术进行分析，论述广播电视电子工程技术与社会发展间的关系，然后对其发展现状和未来发展趋势进行简要说明，希望为相关行业提供借鉴。

伴随着社会经济的高速发展，广播电视电子工程技术迎来了发展的机遇。但是从实际情况上看，广播电视电子工程技术虽然经过多年发展，信息传播网络的建设已经基本完成。然而在信息时代下，广播电视电子工程技术发展相对滞后于时代的发展，需要广播电视行业对其进行创新和研究，以此来整合广播电视系统和计算机网络系统，从而为受众提供更加丰富的广播电视节目和内容，只有这样，才能促进广播电视行业实现进一步的发展。

一、广播电视电子工程技术的概念

广播电视概述。所谓的广播电视是指通过无线电波以及导线，将电视节目以图像或音响的形式，传递给受众的传播媒介。声音广播就是指传播声音的媒介，而电视广播是指播送声音和图像的媒介。从狭义上可以将广播理解为利用无线电波和导线，以声音为载体传播内容的媒介，从广义上可以将其理解为单存在声音的广播以及图像和声音共存的电视。

广播电视电子工程技术。广播电视电子工程技术主要包括抗干扰技术和光纤技术。由于广播电视电子工程需要借助卫星传输信号，具有传输距离远、传输容量大、传输质量高的特点。因此在信号传输过程中，抗干扰是首要解决问题。在我国广播电视传播系统之中，采用的信号传播方式为点到面的传输模式，这种信号传输模式的使用涉及诸多技术，如果技术使用不当，就会对信号的传输造成干扰，广播电视的质量也会因此而下降。基于此，技术人员研究了抗干扰技术，以解决此类问题，并取得了良好的应用效果。而光纤技术同样是广播电视电子工程的重要技术，这项技术的使用大大提升了信号传输的效率，为强化光纤技术的应用效果，技术人员对这项技术进行了优化和完善，以降低传输过程中的信号损耗，截止到目前，这项技术已经被广泛应用于广播电视等媒介之中。

二、广播电视与现代社会的关系

广播电视与政治生活的关系。广播电视与政治生活存在着密切的关联，并受到政治生活的控制，与此同时，广播电视也会对政治产生一定的反作用。例如：前段时间的操场埋人案经过广播电视媒体的大肆宣传后，受到了有关部门的高度关注，使这件发生于16年前的历史冤案得以昭雪。纵观历史，不管是古代还是现代，大众传媒工具的产生，其背后都拥有政治发展的背景，比如古代的驿站、现代的电视台都属于在特定环境下产生的媒介，其根本目的就是满足政治需求。与此同时，政治还会利用法律、机构管制等方法，对广播电视传播的内容加以限制和规范。

广播电视与经济生活的关系。信息化时代的到来，加强了信息与经济之间的联系，信息技术的进步可以促进社会经济的发展。广播电视台作为信息产业的重要组成部分，在社会经济发展中起到的作用不可估量，因此需要重视广播电视技术的发展，只有这样，才能增加信息产业的经济效益，并为广播电视行业注入生机和活力。

2广播电视与文化生活的关系。广播电视与文化之间的关系十分密切，广播电视能够对文化产生深远的影响，它是文化传播和延续的重要途径，文化是人类智慧的结晶，是社会的精神财富，需要人们借助广播电视对其进行传播和保存。此外，在信息化时代下，媒体行业之间的融合交流，使多种文化相互碰撞，继而产生全新的文化，比如：媒体文化、网络文化。不可否认这些文化的产生，对人类文化进行了补充，增加了文化的活力，但是这些新文化中还存在一些糟粕，需要对其进行取舍，只有这样，才能将新文化作为民族文化和人类文化的补充。

三、广播电视电子工程技术现状

在科学技术发展的推动下，我国广播电视电子工程技术取得了显著的发展效果，具体表现为诸多大学均开设了广播电视电子工程这门专业，每年为我国培养出大量的专业人才。并且伴随着信息化时代的到来，现阶段将信息技术、通信技术与多媒体技术相融合，已经成为广播电子工程技术的主要目的，推动了广播电视电子工程技术在我国的广泛应用。广播电视电子工程技术的应用不仅可以满足人们日益增长的精神文化需求，还能使广播电视行业的经济效益增加。我国通信速度也会随着广播电视电子工程技术的发展而提高。目前，我国国民可以随时借助广播电视了解国内外的热点事件，也可以通过广播电视对事物进行管理。

四、促进广播电视电子工程技术发展的建议

重视对广播电视电子工程技术人员的培训。技术人员的能力和素养直接关系到广播电视电子工程技术的发展成效，广播电视电子工程的建设需要依靠技术人员，如果技术人员能力和素质较差，必然会影响工程建设质量和行业发展速度。现阶段，我国广播电视电子工程技术专业的技术人才数量匮乏，因此广播电视单位应该定期组织技术人员参加培训，例如：广播电视台可以资助技术人员到高校进修和学习，或者聘请相关专家对技术人员进行培训。通过这种方法的使用，让技术人员不断提升自身的技术水平和综合能力，以促进广电工程技术的发展。

实现卫星的接收。通过上述分析得知，现代广播电视会借助卫星进行信号的接收和传输，这种技术方法的使用，有利于克服传统信号传输技术存在的不足。比如：信号丢失、信号质

量差等等。因此，广播电视台在传输信号的过程中，应该重视卫星接收技术的使用，对信号传输和接收质量进行把控，只有这样，才能促进我国广播电视行业的进一步发展。例如：目前，数字电视已经基本取代了传统的有线电视，受众可以利用机顶盒随意更换或选择电视节目，如图1所示。与此同时，电视机顶盒的使用，也提高了受众对广播电视节目信号接收的安全性，这样就可以避免信号干扰问题的出现，最终使受众的观看需求得到满足。

广播电视电子工程技术的数字化和网络化发展。在新时期背景下，广播电视电子工程技术逐渐呈现出数字化和网络化的发展趋势，数字技术作为现代技术的重要内容，已经成了电子工程技术的核心内容之一，促进了广播电视技术的发展。其不仅提高到了信号传输质量和效果，还降低了信号接收和移动的难度，满足了人们对信号的移动接收要求。目前，在我国省级以上的电视台中，数字化技术已经被应用于广播电视信号传输的全过程。上文中提到的电视机顶盒就是数字化技术应用的代表。

此外，网络化与数字化技术一样，都是广播电视电子工程技术的发展方向。网络化的发展，对于电子工程技术而言十分关键。作为传统媒介，广播电视需要借助网络技术打破原有的发展模式，推陈出新，实现进一步发展。基于此，我国电视广播行业应该正视广播电视电子工程技术未来发展的趋势，加大研究力度，从而确保广播电视电子工程技术发展速度与行业发展速度相匹配。

第三节　电子工程设计的 EDA 技术

电子工程的研究领域极为广阔，其内部的研究内容包括数字信号处理技术、通信技术、微波技术以及电磁场技术等。这几种电子技术可以被应用到多种现代工程领域之中，随着电子设计技术不断成熟，自动化的工程设计理念也逐渐被添加到电子工程之中。全新的 EDA 技术逐渐被应用起来，在计算机辅助工程的支持之下，电子电路的设计工作具有了更高的效率，本节对这种 EDA 技术进行研究。

电子技术已经逐渐成为现代社会的各行各业之中的必备技术，其所在的电子应用系统也逐渐出现了运行快速、容量增大的应用特点。在进行电子工程设计工作的时候，设计人员对原有的组合芯片系统进行改造，单片系统也可以支持电子工程运转。应用自动化的技术来完成电子设计已经成为很多电子工程建设者需要解决的首要设计问题，本节根据对 EDA 技术的了解，对该种电子技术的设计情况进行分析。

一、EDA 技术基本情况分析

所谓 EDA 技术，就是电子设计自动化，由 CAE、CAD、CAM 等计算机概念发展出现。EDA 技术以计算机为主要工具，集合了图形学、数据库、拓扑逻辑、优化理论、计算数学、图论等学科，形成最新的理论体系，是微电子技术、计算机信息技术、电路理论、信号处理和信号分析的结晶。

二、主要特点

现代化 EDA 技术大多采用"自顶向下（Top-Down）"的设计程序，从而确保设计方案整体的合理和优化，避免"自底向上（Bottom-up）"设计过程使局部优化，整体结构较差的缺陷。动化程度高，设计过程中随时可以进行各级的仿真、纠错和调试，使设计者能早期发现结构设计上的错误，避免设计工作的浪费，同时设计人员可以抛开一些具体细节问题，从而把主要精力集中在系统的开发上，保证设计的高效率、低成本，且产品开发周期短、循环快，以并行操作，现代 EDA 技术建立了并行工程框架结构的工作环境。从而保证和支持多人同时并行地进行电子系统的设计和开发。

三、基本应用软件

EWB 软件：谓 EWB 是一种基于 PC 的电子设计软件，具备了集成化工具、仿真器、原理图输入、分析、设计文件夹、接口等六大特点，应用优势明显。

PROTEL 软件：该技术软件广泛应用了 Prote199，主要由电路原理图的设计系统和印刷电路板的设计系统两大部分组成。高层次的设计技术在近年的国际 EDA 技术领域开发、研究、应用中成为热门课题，并且迅速发展，成果显著。该领域主要包括了硬件语言描述、高层次模拟、高层次的综合技术等，伴随着科技水平的提升，EDA 技术也必然会朝向更高层次的自动化设计技术不断发展。

四、技术应用流程

对于 EDA 技术的发展情况与必备软件有所了解之后，可以继续对其在电子工程领域之中的应用状况进行了解。其具体的应用程序如下：

设计源程序。在源程序设计环节之中，技术人员需要可以对 EDA 技术加以应用。在开展电子设计工作时，技术人员需要对文本编辑器或者图形编辑器这一类的设计软件加以使用，在应用这一类软件的时候，可以通过 EDA 软件来完成编译程序以及排错的工作，对文件的原有设计格式进行转化，给逻辑思分析工作提供可参考的数据。

综合逻辑。在源程序中应用了实现了 VHDL 的格式转化之后，就进入了逻辑综合分析的环节。运用综合器就能够将电路设计过程中使用的高级指令转换成层次较低的设计语言，这就是逻辑综合。通过逻辑综合的过程，这可以看作是电子设计的目标优化过程，将文件输入仿真器，实施仿真操作，保持功效和结果的一致性。

仿真分析。在确定了电子工程设计方案之后，利用系统仿真或者是结构模拟的方法进行方案的合理性和可行性研究分析。利用 EDA 技术实现系统环节的函数传递，选取相关的数学模型进行仿真分析。这一系统的仿真技术同样可以运用到其他非电子工程专业设计的工作中，能够应用到方案构思和理论验证等方面。

时序性仿真。在实现了逻辑综合透配之后，就可以进行时序仿真的环节了，所谓的时序仿真指的就是将基于布线器和适配器出现的 VHDL 文件运用适当的手段传达到仿真器中，开始部分仿真。VHDL 仿真器考虑到了器件特性，所以适配后的时序仿真结果较为精确。

验证设计方案。应用 EDA 技术可以对已经完成设计工作的工程设计方案进行验证，设计人员可以应用结构模拟以及系统仿真技术来对方案进行测试，主要需要测试出方案是否可行。在测试的时候，需要先对存在于不同设计环节的传递型函数进行计算，通过传递函数来建设商学院模型。这种验证功能不仅仅可以在电子设计行业之中被应用，在其他的电子工程之外的行业之中也可以被使用，技术人员可以借助这种验证系统来对新提出的构思以及方案加以验证。完成系统仿真工作之后，需要通过模拟分析的方式来测定电路的结构，同时还要找出电路结构中的设计错误。

优化电路。除了对电子工程的基本设计方案进行验证之外，技术人员还可以将这种技术应用到电路设计之中。在电子工程之中，电路设计工作极为重要，如果电路没有被设计合理，电子工程的各种调度工作以及常规运转工作皆难以实现。应用 EDA 技术可以对影响电路的原有的稳定程度的因素进行测试，一般电路所在的工作环境的温度元素以及电子元器件的基本容差会给电路带来直接影响。一般的电子设计技术是无法对电路进行全面测试的，技术人员难以实现优化整个电子工程的设计目的，而在 EDA 系统之中，统计功能以及温度分析系统可以辅助电路设计工作。技术人员可以对不同温度条件下的电路运行状态进行统计，完成统计工作之后，就可以将更为合适的电路结构以及元件参数提供出来。

在优化电路的同时，技术人员还可以在电路之中开展模拟测试活动，一般的电路设计工作中，都需要分析大量电子数据，但是仅仅分析电子数据并不能保证设计工作的合理性，主要是受到了电子仪器以及测试方法的限制，而应用 EDA 技术之后，可以充分实现功能测试的基本需求。

电子技术一般都是流动性比较明显的技术，在这种流动性特点的影响之下，很多电子技术的更新速度极快。EDA 技术也是如此，从被引进国内，技术人员根据不同的发展阶段，电子设计工作出现的变动，不断地革新 EDA 技术，使其能够适应各个时期的电子设计工作。从电子产品的应用效果来看，EDA 技术不仅仅可以提升工程建设的速度，同时也可以推动电子工程领域的各种技术改革活动。应用 EDA 技术还可以将更多附加价值添加到电子产品之中，使电子产品能够为使用者提供优质的电子服务。

第四节　电子工程中智能化技术

为了促进电子工程可以全面健康的发展，需要在电子工程的控制管理中应用智能化技术，本节对智能化技术的优势以及在电子工程中的应用做简要阐述。

一、智能化技术在电子工程的运用背景

在电子工程中，大量的信息技术手段是应用高度智能化技术的基础，只有依靠网络和计算机技术，技术人员才能对这些电子数据进行详细划分，并且对这些内容进行整合以及决策

部署，从而使其工作效率得到提高。在电子工程操作人员工作过程中，利用这种技术可以使其更加便利。在传统电子工程研究中，计算机技术是主要应用，但是不同社会部门的需求不同，为了适应这种不同需求，需要创造针对性的技术，这样生产出的电子设备才可以满足市场的需求，使企业获得更多的经济利益。

二、电子工程应用智能化技术的优势

智能化技术可以快速检测故障。在电子工程的使用过程中，不可避免地会遇到一些故障，如果无法及时解决这些故障，就会对电子工程的应用效果进行影响。人工检测是传统的电子工程故障监测，这种监测有较高的主观性，所以无法保证检测的准确性，降低了电子工程故障监测效率。与传统人工故障检测方法相比，在电子工程的故障检测中，智能化的故障监测方法更加适用。智能化故障监测方法通过监测系统设置的故障数据，自动化检测电子工程故障，并且完成故障监测以后还可以自动发送故障分析监测报告，有效提高了电子工程的检测效率和准确性。

对电子工程进行智能化的控制。电子工程有比较长的运行时间，所以需要承受比较高的负荷，为了对电子工程的运行安全进行保障，需要全面监督和控制电子工程，避免有相关的安全事故发生。传统人工控制方法在人力上比较浪费，并且电子工程的监督结构受人工掌握的技术水平和规范知识的影响，会留下难以发现的安全隐患。电子工程有比较复杂的运行过程，电子工程控制的主要实施者是人工，如果电子工程有相关安全事故发生，控制人员就会有一定的损害，降低了电子工程的安全性。在电子工程运行控制中采用智能化，可以自动分析电子工程运行情况，还可以在电子工程发生故障时进行提醒，有利于电子工程稳定运行。

优化电子工程的设计。传统电子工程有较低的自动化控制效率，一旦设置完成电子工程产品，就很难修改和完善这些产品，对电子工程产品的改进和发展是不利的。但是智能化技术可以设计和控制电子工程，可以根据电子工程产品需求，改进和优化相关产品，满足电子工程的相关需求。在电子工程中应用智能化技术，突破了传统用模型进行生产的方式，使电子工程产品设计时间减少，电子工程的生产质量得到提高。

提高电子工程的工作效率。电子工程智能化控制的方式可以把电子工程的资金投入有效地减少，使电子工程的安全性得到提高，同时也可以提升电子工程的经济效益。将智能化技术应用到电子工程中，可以自动化的控制和管理电子工程运行过程，同时在发生故障时，可以地洞监测和维修故障。电子工程智能化的管理和应用模式，可以对传统人工生产模式进行改善，使电子工程使用的生产效率加快，电子工程产品质量提高。

三、智能化在电子工程中的具体应用

智能化技术对故障诊断的作用。在进行故障检测时，智能化技术可以针对机械运行中的故障快速准确地找到，有利于进行机械或者是系统的检修维护，延长其使用寿命。尤其在进行大型网络控制系统设置的时候，针对设计过程中的技术漏洞，智能化技术可以有效地进行监测，对由于操作不当产生的数据误差进行排除，使系统设备可以最大限度地发挥自己的价值。

当然，凡事都有两面性，智能化技术也并不是完美的，它也有在实际应用过程中出错的时候。如果故障成批地出现也会降低智能化技术的故障排查率，但是总的来说，相比于人工操作技术，智能化技术更加的高效，避免了人力的浪费，值得推广使用。

智能化技术在提升电子工程性能上的应用。在电子工程运行过程中应用这项服务生产、生活的智能化技术，可以对大部分劳动力进行解放，为生活水平和工作效率的提高提供了技术支持，使产业的经济发展得到不断的推进。为了发挥出其真正作用，对生产生活可以更好地服务，需要不断改进和完善智能化技术，扩大智能化技术的应用范围。在电子工程中应用智能化技术，可以使电子工程高质量运行，最大化的发挥智能技术价值，使电子工程可以满足不同用户的需求，让他们有不同的体验，从而在不断变化的市场中占有一席之地。

智能化技术在提升电子工程功能上的应用。在电子工程中广泛的应用智能化技术，方便了人们的生产生活，但是智能化技术还需要不断地创新和改善，它的发展前景很广阔。在进行智能产品的使用时，可以用触屏操作界面，操作按钮可以用图片形式表现，这样的操作方式更容易让用户简单操作，使设备发生故障的概率进行减少，同时，把数据处理程序简单化，使信息交流更加便捷。

随着国民经济的快速发展，为了追赶时代潮流，智能化技术需要不断地创新和完善，将智能化技术应用到电子工程中，才能满足人们对电子工程现代化的发展需求，它是促进社会经济发展的重要手段。同时也是使电子工程企业市场竞争力得到提高的重要途径。智能化技术的升值空间很大，且必将成为时代发展的潮流之一，在电子工程中应用智能化技术也是时代发展的需求，为了进一步提高智能化技术的作用，需要不断研发智能化技术，提高对它的重视程度和应用程度。

第五节　单片机采用电子工程技术

电子工程技术是在网络和计算机的基础上新兴发展起来的一种技术，从我国当前来看，其在单片机中的应用还处于初级阶段，但其重要性已经可见一斑。选取通信、工业控制、仪器仪表、家用电器等领域，就电子工程技术在单片机中的应用进行了分析。

计算机在当前社会有着广泛应用，但在某些领域中，由于体积较大，无法发挥作用，为解决这一问题，就必须朝着微型化方向发展。如今，随着信息技术不断成熟，出现了不同类型的微型计算机。单片机是一种集成电路芯片，其本质是一个微型计算机系统，与传统计算机相比，只缺少了I/O设备，其他功能都具备，凭借着体积小、质量轻、使用便捷等优势，在各领域逐步推广开来。电子工程技术作为衡量信息化水平的重要标准，在促进单片机出现和发展中发挥着重大作用。

一、应用于通信领域

目前市场上的单片机基本都带有通信接口，可以直接连接计算机，实现数据通信，使用非常方便。同时，大多数现代化通信设备也都安装了单片机，如手机、无线电对讲机、列车无线通信系统、楼宇自动通信呼叫系统等，电子工程技术在其中的作用功不可没，为网络通信提供了诸多便利。实际进行信息交换和数据通信时，通常有串行、并行两种方法，串行通信方式又可分为异步和同步，在异步串行状态下，数据信息以单字符的形式传送，且不同字符之间能够互连，以实现间接的数据传送，并且传送方可根据实际需求选择具体传送方式，比如时钟方式。

如今，无线通信技术备受关注，如何促进无线通信技术和单片机的结合也成了研究重点。在今后的发展趋势中，两者结合的应用主要体现在数据方案传输选择、硬件配置、通信软件设置等方面。比如，为提高效率，可选择以单片机监控系统为核心的无线通信技术，机车负责数据的收集，以及数据库的转移。

二、应用于工业控制

工业发展状况直接关乎国家经济水平，过去几十年间，在电子信息技术推动下，我国工业发展迅速，取得了显著成就，生产模式也逐步过渡为自动化、智能化。当前的自动化生产系统、机械化等，都离不开电子工程技术和单片机。除了生产，物资等各方面的管理也实现了信息化，电子工程技术在监控管理方面起着重大作用，对提高生产效率、提高资源利用率大有帮助。

单片机最早就出自于工业领域，经过不断研究和发展，今天在工业控制领域依然有着大量应用，比如工厂流水线的智能化管理。其优势非常明显，集成度高、体积小、易扩展、控制功能强大、电压功耗较小，因此备受青睐。一个简单的单片机控制系统，输出采用光耦隔离，另外使用的是 LM2596 可降压模块，输入电压范围较宽，能够根据单片机电源进行电压调整。根据需求进行编程，然后只需接上传感器，就能实现对外部设备的控制，如果想要优化升级，还可以在此基础上做一个简单的人机交互系统，可见，应用非常方便，而且价格便宜。

三、应用于仪器仪表

单片机在智能仪器仪表领域应用颇多，很多功能（如模拟量和数字量的转换）都依赖于电子工程技术，使得仪器仪表的测量精确度更高，且测量方式逐步朝柔性化过渡。常见的物理量有长度、速度、温度、压力、电压、功率，以及波形、频率、磁感应等，借助传感器都能进行数字化、直观化的测量和显示，加上单片机自身串口，还能进行远程测量，或者实现远程数据采集。电子工程技术应用单片机，对智能仪器仪表的优势在于控制功能增强、计算效率提升。比如，普通仪器能够在 0.5s 内完成一个周期的测量、计算和输出等一系列工作。复杂的仪器仪表，如需要进行开方，或带有正弦函数等计算，相对较为复杂，对计算能力要求更高，而单片机能够满足这些要求。

很多智能仪器仪表中都安装有单片机，单片机发挥着微处理器的作用，不但能获取数据，还能做进一步处理计算，加上体积小、功能完整、价格便宜，越来越受欢迎。另外，在智能仪器仪表的设计和调试中，也常会用到单片机和电子工程技术。

四、应用于家用电器

家用电器在日常生活中使用频率较高，随着科技发展，以及人们生活水平的提升，智能技术在普通家庭中也开始推广普及。如今，很多家用电器也都安装有单片机，利用电子工程技术，增加了电器功能，使得生活质量明显提升。传统的洗衣机，只具备一般功能，安装单片机后，基于模糊控制技术，增加了许多新功能，如能够辨识衣物的脏污程度，如此便会自动选择相适应的洗涤强度，调整洗涤时间。单片机对传感器搜集到的信息加以处理，从而确定最佳水流，包括漂洗次数、脱水时间，都变得更科学，应用极为方便。冰箱亦是如此，安装单片机后，能够识别食物的种类，并判断其新鲜度，从而调整冷藏温度和时间。变频式微波炉在家庭中较为常见，利用单片机进行控制，改变了以往靠通电时间来控制火力强弱的方式，使得食物受热更均匀，口感更佳，且节能省电效果明显。

五、应用于其他领域

随着社会发展，单片机不断更新换代，应用领域越来越多，比如用于医疗行业，呼吸机、监护仪、病床呼叫系统等，安装单片机后，智能化技术使得操作更佳规范化、专业化，对诊断和患者疗养都有益处。办公自动化设备中嵌入单片机，会使得办公效率大幅提高，如复印机、打印机等常用办公设备。单片机不仅在工业，在商业中也有着广泛应用，如今的商业营销大多都会用到信息技术，包括常见的收款机、LED屏、刷卡机、计价器，采用单片机能够带来诸多方便。此外，电子工程技术在单片机中的应用，还体现在金融、教育、国防、航空航天等领域，在减轻劳动强度、提高工作效率的同时，也使得社会环境和生活环境更加舒适安全。

综上所述，微型化是计算机当前以及今后的重要发展方向，能够满足社会分工越来越细的需求。单片机作为典型的微型计算机系统，在生活、生产中发挥着巨大作用，推动着社会进步，因此，我们应当加强研究，促进电子工程技术与单片机的进一步结合。

第三章　信息与电子通讯

第一节　大型电子通讯企业信息安全管理体系建设

本节通过识别大型电子通讯企业建设信息安全体系的目的，结合企业实践，提出了信息安全管理体系建设的策略，分为高层重视、保证资源投入、建立信息安全组织、定期进行风险评估、重视培训、充分运用技术手段、审计与检查等几个方面，供电子通讯企业的信息安全管理人员参考。

随着信息技术在企业及其产品中的深入应用，大型电子通讯企业越来越重视信息安全体系建设。而早在 2005 年，ISO 就推出了 ISO/IEC 27001：2005 标准，该标准成为众多企业建设信息安全管理体系主要指导标准，现已更新到 2013 版本。本节中，笔者将谈一谈该如何推进大型电子通讯企业信息安全管理体系建设。

一、需求分析

在讨论信息安全管理体系建设之前，我们有必要分析电子通讯企业建设信息安全体系的目的，这样才能做到有的放矢。

首先是信息安全本身的目的，ISO/IEC 27001 标准将信息安全目的定义为机密性、完整性和可用性 3 个方面，在美国的信息保障技术框架（IATF）中，则将信息安全目的定义为访问控制、机密性、完整性、可用性、不可否认性 5 个方面。

1）机密性：防止存储数据和通讯数据，在未经授权的情况下发生泄漏。2）完整性：防止在未经授权的情况下，对数据进行非法修改；检测并通知对数据的非法修改、记录对数据的所有修改。3）可用性：授权用户及时可靠的访问数据和信息服务。4）访问控制：防止对网络软硬件资源未经授权的使用、对数据未经授权的泄漏和修改。5）不可否认性：证明实体确实参与通信的能力。

其次，是电子通讯企业建设信息安全体系的目的，总结起来有如下 3 个方面。

1）国际标准认证。由于电信网络涉及国家安全、社会秩序、经济运行、公共利益，一旦遭到破坏或无法正常提供服务，对国家、社会、网络和业务运营商造成的损害非常大，所以，对电信设备的信息安全要求很高。因此，大型电子通讯企业需要通过 ISO/IEC 27001 的认证才能参与电信设备市场的竞争。2）主流运营商要求。电子通讯企业的欧美客户出于当地严苛的法律法规和市场竞争的需要，提出了比国际标准更为严格的信息安全需求，不仅要求电子通讯企业通过 ISO27001 的认证，还要求具体的电信设备产品通过 CC 等专业认证。同时，对电子通讯企业的业务连续性也提出了要求，而其中很多方面涉及信息安全领域，这样也进一步提高对信息安全体系建设的要求。3）知识产权保护。经过近 30 年的竞争，电子通信设备从模拟通讯时代，2G、3G、4G 直至现在的 5G 时代，厂商数量虽然越来越少，但各厂商在市场、研发等方面的投入越来越大，竞争越来越激烈。近年来，几家大型电子通信设备企业之间诉讼不断，你告我、我告你，大多是在知识产权领域有争议，企业出于保护核心技术、关键方案等知识产权的考虑，越来越重视信息安全。

二、管理体系建设策略

高层重视。信息安全管理体系和 ISO9000 等其他管理体系一样，从目标设定、决策、组织建设、资源投入、培训、改进等方方面面都离不开高层的重视。高层领导（最好是企业的一把手）务必保证自己在信息安全管理体系建设中的投入，应定期召开高层领导参加的汇报会议，以便高层领导了解企业信息安全体系运作的情况，针对存在的问题，做出指导和决策。很多企业在引入 ISO27001 体系、设立专业的信息安全管理机构之后，高层领导就逐步淡出，将信息安全管理的责任转给信息安全管理部门了。这样一来信息安全的重要程度就从公司级降为了部门级，结果必然是事倍功半。

资源投入。建设信息安全管理体系需要企业持续投入资源。

一是人力的投入，企业既要配备专业的全职信息安全管理人员，负责制订总体方针和安全策略、设计安全管理体系架构、组织审计、督促整改等工作；又要将信息安全职责纳入各级员工的工作中去，要求高中基层员工做出信息安全承诺、学习信息安全知识、落实信息安全举措。

二是物力的投入，从网络安全到物理安全都离不开相应的信息安全硬件设备和软件工具的投入，如门禁、摄像监控系统、防火墙、备份服务器、后台监控系统等。

三是财力的投入，上述人力和物力都离不开财力的支持，信息安全人员工资、员工培训、软硬件设备、第三方咨询和认证等加起来真的是花费不菲。

组织保障。一般来说，电子通讯企业会设立一个专业部门来推进信息安全管理体系建设，这也是业界的普遍做法。但如果仅仅依靠专业部门，信息安全体系是难以落地的。由于信息安全体系涉及企业的方方面面，所以必须在所有基层组织中设立信息安全组织。业界有一个颇有成效的做法是，由各级组织的行政一把手兼任该组织的信息安全负责人，这样才能够做到责任明晰，政令畅通，同时，保证各级组织在信息安全体系建设上的投入，从而将信息安全举措落到实处。

风险评估。风险评估是信息安全体系建设过程很重要的一个环节，风险评估过程可以识别出企业需要重点保护的信息安全资产，通过对信息安全资产的机密性、整体性、可用性等方面的分析，结合发生信息安全风险的可能性，制订出有针对性的保护措施。这样能够将企业有限的资源和关注度聚焦在核心的信息安全资产上，同时又识别出管控的薄弱点，做到有的放矢。

培训。第一，信息安全体系建设离不开培训。信息安全体系的建设一方面专业性较强，另一方面又需要各级员工共同参与。所以有效的培训就显得非常重要。我们看到过很多的信息安全事件，既有高层的不慎导致的信息泄漏，又有基层失误导致的大面积宕机。针对多起事件进行分析，很多非主观故意的信息安全事件的发生，无非是因为人们的信息安全意识不够，或信息安全技能不足。

第二，培训要有针对性。大型的电子通讯企业部门众多、分工细致、员工人数更多，不同部门、不同职责和级别的员工接触到的信息不同，对信息安全的机密性、完整性、可用性等所产生的影响也不同。所以，培训不能千篇一律，需要面向不同人群的进行有针对性的培训。这就要求信息安全管理部门深入一线了解业务。同时，业务部门也要积极参与培训的前期工作，将信息安全培训需求和企业的实际业务紧密结合起来。

第三，培训要持之以恒。信息安全涉及电子通讯企业的各个方面、各个层次，重要但毕竟不是业务主线，如果不警钟长鸣，人们很容易懈怠；一旦懈怠，信息安全体系就会有疏漏，所以培训要定期做，坚持做。

运用技术手段。虽说很多时候信息安全体系保护的就是计算机、服务器、网络、软件环境等。但相对软件技术，成熟的信息安全技术在电子通讯企业中还运用的较少，很多措施还需要靠人工操作，没有实现自动化。例如，强密码策略需要人工检查、安全漏洞不能批量扫描、拷贝记录需要人工查阅日志，这样不仅效率较低，效果还难以保证，难免疏漏。当然，这和企业的意识和投入有关，好在近年这种情况已逐步有所改观，不少企业加大了这方面的投入，更多的利用信息安全系统来监控，大大提高了效率，减少了疏漏。

审计与检查。就像人们要保持身体健康，一定要定期体检一样，要维持任何管理体系的健康运行都离不开检查，具体到信息安全管理体系中，就是要做好审计与检查。要做好审计与检查其实并不简单，只有做好核心信息的识别、风险识别、组织保障、培训、技术手段的运用、检查计划等前期工作，才可能做好最终的审计与检查，识别出问题点，进而通过改进来维持信息安全体系的健康运转。审计与检查大体可以分为 3 个层次。

第一层，自我检查。信息安全是大家工作职责的一部分，各级部门和员工有责任和义务进行信息安全自查。

第二层，信息安全管理部门审计。专业的信息安全管理部门作为信息安全管理体系的建设者和守护者，应该制订计划，定期组织审计，掌握信息安全管理体系的状态，及时组织整改。

第三层，外部审计。电子通讯企业必须通过第三方机构的认证才能获得 ISO27001 标准组织的授权。另外，运营商等客户也可能委托第三方机构或直接派员到现场审计。

综上，只有在高层足够重视、保证资源投入、建立自上而下的信息安全组织、定期进行风险评估、重视培训、充分运用技术手段、做好检查的情况下，大型电子通讯企业才能建立起一个行之有效的信息安全体系。

第二节　电子信息技术与移动通讯

本节主要对电子信息技术与移动通讯进行了详细的分析，首先阐述了电子信息技术的含义，并且对移动通讯的发展现状进行了分析；然后针对发展现状采取了相应的创新及其应用措施；最后展望了移动通信信息优化发展趋势。

当今的社会是科技发展的时代，电子信息技术广泛的运用于各个行业，其中移动通信行业的快速发展离不开电子信息技术的发展。

一、电子信息技术的含义

"信息"即是对事物运动状态及形态的描述，是事物状态的体现形式。信息的传递可以通过文字、数据或者一些特殊的符号、声音等形式实现。目前随着科技的发展与进步，电子信息逐步登上历史舞台，成为人们生活中必不可少的沟通媒介。电子信息技术是指使用电子技术获取、传递人们所需要的信息，主要包括传感技术、计算机技术、多媒体技术、网络技术等，通过这些技术手段达到信息传递、沟通交流的目的。

二、移动通讯的发展现状

随着 GSM 和 CDMA 的线上产品和线上服务的出现，我国传统的移动通信行业已经达到了世界先进水平。移动通讯 4G 网络提高了网络运行速度，TD-SCDMA 产线在电子通信行业中起着至关重要的作用。从产品研发到生产，TD-SCDMA 产线建立了以核心网、基站、终端以及 TD-SCDMA 产线商品生产所涉及的所有配套产品为主的完善的通讯体系，我国在这一领域的发展较为先进，已经申请了多项国家专利。

三、移动通信技术创新及其应用措施

构建完善的移动通讯企业竞争机制。企业技术人员是企业发展的重要因素。对于通信行业来说，应针对企业发展现状，建立合理的竞争机制，以促进员工积极性的发挥，才能促进企业的发展。首先，企业应为员工提供技术培训机会，使员工能够了解先进的技术，使企业始终处于技术发展前沿。另外，通过合理的奖惩制度可激发员工的热情，使其具有责任心，在良性竞争的环境中，员工的创新能力得以提高，移动通讯产品的创新能够确保其稳定发展。建立完善的竞争机制要求企业管理者给予年轻员工和技术过硬的员工更多机会，进行合理的人才分配，使其发挥最大作用，提高企业的核心竞争力，实现企业的可持续发展。

促进通讯企业基础技术与关键技术创新。对于通信行业来说，基础技术与关键技术是其发展的根本，企业要时刻保持技术创新才能在快速发展的通信行业实现长远发展。著名手机品牌诺基是由于关键技术落后于世界先进水平而被淘汰。基础技术与关键技术不仅能够促进企业的发展，还对国家的经济、文化具有促进作用。因此移动通讯企业应投入更多的人力、财力，时刻保持移动通讯的创新。目前，移动通讯关键技术主要体现为多种制式的 3G 网络和 4G 网络，我国移动通讯虽然实现了快速发展，但其存在的问题依然不能忽视。

按照国际标准进行产品生产，重视国家专利申请。随着全球经济时代的到来，通信行业的发展也应时刻关注国际领域，按照国家发展标准进行产品研发和生产，使我国企业始终处于先进水平。另外，知识产权保护和国家专利申请有助于提升企业在国际上的地位，促进企业健康发展，并且针对我国电子产品链接方式的不同进行调整，把握正确的企业发展方向，并在这一基础上时刻保持企业创新。目前，我国相当一部分通讯企业重视知识产权保护，但对于一些中小企业来说，法律意识淡薄，缺乏长远的发展观念，这一问题是制约信息通信行业发展的重要因素之一。因此，一定要用发展的眼光看待问题，并且还要加强法律意识。

四、移动通信信息优化发展趋势

数据的简单分析和一体化处理。在移动通信信息优化过程中要应用大量的工具和技术，在传统的信息优化过程中，因为不同工具只能对特定的问题发挥功效，这就导致众多的优化工具各自分散，难以整合。所有的优化工具难以针对整个待优化的信息协调发挥作用，形成一个有效的网络优化方案。为了解决这个问题，信息优化的各个参与方应构筑长期的合作关系，具体的讲，移动通信网络的系统供应商和第三方软件供应商应当与移动通讯运营商构筑长期战略合作伙伴关系，通过各方的共同努力，开发出能够把系统数据和环境数据绑定的工具软件系统，同时，该系统还应当具备针对大量数据的简单分析、一体化处理、数据特征挖掘、网络参数的自动调整及人工辅助智能决策等功能。从而把移动通讯运营商的信息优化技术人员从简单的数据采集、数据特征挖掘等简单的重复性工作中解放出来，投入到更深层次的环境和系统方面的优化方法研究中，为通信信息优化的高级软件的诞生提供最大的可能性和智力支持。

数据特征挖掘、人工智能辅助决策。数据分析是移动通信信息优化中最重要，也是难度最大的一个环节，这个过程中需处理不同技术领域的大量数据，其中探究各种数据之间的内在联系是这个工作环节的难点，要应用统计学知识和数理分析方法筛选、过滤并从众多数据中提取有价值的信息，从而分析出各种数据之间的内在联系。人工智能辅助决策是根据上述过程中分析出的数据特征智能的做出移动通信网络优化的参考方法，这样，我们的网络优化工程师就可以直接对这些优化方法进行比选，组合，从而形成整个网络优化方案。

信息参数调整的自动化。我们可以把优化软件的结果输出作用到 OMC 系统的功能配置模块上，从而通过 OMC 系统直接指挥信息调整自己的系统参数。这样就省去了中间起作用的设备、经过及环节，可以更好更快地对信息变化做出反应，适应了移动通信网络的动态变化，为用户提供了更加稳定的移动通讯服务。

随着人类社会的不断发展，科学技术在不断进步，使得电子信息技术拥有了更大的发展空间。同时信息技术的发展对于移动通讯有着非常重要的推动作用。

第三节　电子通讯信息产业对高技能人才培养

随着我国工业化进程经济的快速发展，高技能人才在经济建设中发挥着越来越重要作用。近几年来我国社会出现技术工人特别是高级技术工人才短缺的现象，引起关注。分析造成电子通信信息高技能人才短缺的原因，对于寻求和解决问题的办法问题方面，对促进高技能人才队伍建设具有积极的现实主义意义。

一、电子通讯信息产业必须坚持走校企合作培养高技能人才之路

当前我国技能人才状况高技能人才主要集中在两大领域：一部分在制造业；一部分在服务业。我国在现代化建设中，一直致力推动工业化发展。特别电子类已成为我国极为重要经济支撑和提高综合国力有效途径，成为推动我国经济持续增长的动力完善校企合作培养高技能人才培养制度有关工作。一些高校被国家信息产业部授予"国家电子信息产业高技能人才培训基地"，校企合作是学校发展的生命线，是学校生机与活力的根源所在，校企合作规模越大、关系越密切，学校发展的速度越快，步子越实，校企合作发展电子行业的必由之路。在教育培训过程中，始终坚持以就业为导向，以服务为宗旨，以学生为主体，以能力为本位的办学思想，坚持走校企合作的道路，认真实施高技能人才培养工程。学校及时根据企业发展对人才的需求，采取多样化、灵活化的合作培养模式，形成了一校对多企的合作局面，先后与瑞安建材投资股份有限公司（原国资水泥股份有限公司）、创维集团建立合作关系，并签合作协议、为其培养高技能人才。

二、造成高技能人才短缺和企业职工队伍技能水平偏低的原因

经济发展增加了对技能人才需求。改革开放 20 多年来，中国已成为世界上经济发展最快的国家。可以说，经济发展、产业结构调整优化创造了技术工人需求的大环境。第二产业的发展，必然带动对技术工人的强劲需求。我国正在进入工业化中期阶段，由于经济的高速发展，产业结构调整和产业升级，再加之国际制造业向中国转移和科技进步加速产业分工，必然涉及人力资源结构变化和就业结构的调整。以山东省为例，每年需补充技术工人约 40 万人左右。随着经济结构调整、传统产业的升级改造和新兴产业的迅速发展，增加了很多新职业，大批低技能就业岗位正日益转化为高技术含量的岗位，急需一大批适应新要求的新型技能人才。而此时中国人力资源结构出现了和其他工业化国家一样的发展轨迹，劳动力结构呈现出"两头大、中间小"特征。加之有效供给不足，这必然进一步增加对高技能人才的需求，造成我国劳动力结构处于中间层的高技能人才严重短缺。

社会认知偏差影响了人们从事技能劳动的积极性。长期以来，社会上存在着"重学历、轻技能"的片面人才观念，把学历和身份作为人才的唯一衡量标准，形成了技术工人不是人才的社会刻板印象，影响了高技能人才群体的形成和发展。由于存在这种社会认知偏差，人

们没有把技术工人作为人才看待，用人上身份界限没有完全打破，缺乏技能人才成长的激励机制和社会流动的上升通道。技术工人没有得到相应的社会尊重，劳动价值也没有得到相应的回报。在社会利益分配上很少关注工人群体。从职业生涯看，具有学历和干部身份的人才可以有多种社会流动的上升通道，而技能人才只能干一辈子工人。由于技术工人社会地位、经济地位偏低，降低了技能人才群体的凝聚力，许多青年不愿意从事技能劳动，造成技能人才短缺。在现在的市场经济条件下，人才的衡量标准，应该以需求和能力为本位，社会分配应以贡献为依据。只有这样才能调动各类人才的积极性。

教育发展不平衡，造成供给不足。近年来我国教育事业有了很大发展，但主要表现在普通教育上，特别是高等教育发展迅猛，而与培养技术工人相关联的职业教育发展相对缓慢。以山东省为例，2003 年全省高考招生 37 万人，而明确定位培养一线技术工人的技工学校、高级技工学校，年培养能力只有 10 万人左右，其中高级技工的培养能力只有 3 万人。相对于全省每年 40 多万技术工人的需求量，培养能力存在明显差距。另一方面，由于多年来技术工人的社会地位、经济地位不高，造成社会对白领职业的高度需求，轻视职业教育。这种教育结构造成职业教育培养能力不足。"过分强调学历教育和对专业性职业教育投入资本的不足是导致中国技术工人水平低、后备资源不足的主要原因，这将影响中国制造业参与国际竞争的能力。"

企业对职工培训重视不够、投入不足，只使用、不培养的做法造成职工技能水平偏低。企业在培养高技能人才方面应发挥主体作用，因为企业是人才效益的最大受益者。但是，目前很大一部分企业只重视专业技术人才的培养，忽视一线职工的培训，对员工技能培训的投入严重不足，职工技能素质不适应技术进步的要求。劳动和社会保障部 2004 年 4 月对全国 40 个城市技能人才状况抽样调查的结果显示，大多数企业用于职工培训方面的花费不高，一半以上的企业用于技术工人培训的费用不到职工教育经费的 20%。究其原因，一是长期以来，我国企业传统粗放式经营和管理方式没有改变，质量意识不强，不重视提高企业职工素质。二是现代企业制度建立滞后，部分企业负责人忽视职工队伍长远建设。三是进入市场经济以后，由于国有企业待遇偏低，很多优秀技能人才流向民营企业、外资企业发展，造成国有企业不愿投资职工培养。

三、完善培养条件，保证培养质量的高速发展

提供具有先进水平的硬件条件。高技能人才培训主要新设备、新工艺、新技术、新材料的掌握和应用。在上级主管部门的关心下，学校使用教育专项资金、加大投.入，完善实训条件，进一步强化多媒体机房、电梯、数控和电气技术实验室建设。目前，在建的电子信息化与自动化技术实训中心有江西省首个实物电梯实验室及先进的实验室 20 余个，被劳动厅领导形象地比喻为江西省电子信息技校的"独门武功"现已建成有专业配套的实验实习室 40 余间，实习车间 1095 平方米，计算机 500 余台，配备较为先进的实验实习设备 1400 多台.

提供高水平实习和理论教学师资。"打铁还须自身硬"，有了先进的培训教学设备，如何更好地应用于技能培训，为学员提升能力服务，师资起着决定性作用。学校采取"走出去、

请进来"的办法加强师资培训，举办双师型教师培训班，组织观摩考察活动、并分期分批安排教师到技工院校进修培训，不断提高教学水平，聘任企业的高技能人才担任兼职教师。

采取"订单"模式培养。学校与企业签订定向培养协议、根据企业提出的专业知识和专业技能要求来组织和实施教学，学生学完相应的知识，达到相应的技能水平后，输送到企业就业。并先后与南方电网、云内动力、云天化、南天集团、昆钢等合作培养了众多高技能人才，为企业提供了满意的培训服务。

展服务、现代电子信息产业化必须面向社会，走向市场，为经济建设和社会发

民办学校应成为培养高技能人才的主阵地这就要求我们高校的专业设置要面向市场、面向社会：一是专业设置上要克服重学科倾向，轻导向；二是培训内容上要克服管理类、轻技能类；三是培训上克服重理论讲授、轻能力提升。同样，社会培训机构也要及时调整办学方向，跟上职业变化和技术进步的步伐。要形成民办高校与成人教育、公立高校三足鼎立之势。民办高校的一切教育要围绕着培养市场实用型的高技能人才。专业要按需设置、年年调整，电子商务、市场什么人才抢手热门，学校就培养什么人才；而"订单式教育"和校企合作，使民办高校实现了与市场的零距离。同样，造就高技能人才，对缓解大学生就业的结构型矛盾将起到积极的作用。要鼓励并指导高校和企业发挥各自优势，资源互补，联合培养高职学生。

企业要成为培养高技能人才的重要阵地。企业一方面可以开发和培养现有技能人才；另一方面可以引进急需的高技能人才。在现有技能人才培养上，要在两个方面下功夫：一是要促进初、中级技能人员尽快升级，成为高技能人才；二是要利用职业资格证书制度的杠杆作用来促进新生劳动力。目前，国内企业获得高技能人才的主要方式是自己培养，方法比较单一。企业最需要的是复合型人才，但目前企业开展的技能培训主要有岗位培训、职业资格培训和复合培训，复合培训所占比例最小。高技能人才哪里来，招才引智见效快，这当然是一条捷径，但是大家都去你争我夺，互挖"墙脚"，必然产生人才内耗。因此要走引培并举的路子。首先加大教育投入，依靠国家院校和民办院校培养人才，同时企业要立足依靠自己的力量去培养高技能人才，此外要积极引进人才。

第四节　信息通信技术、市民社会与可持续发展

自 20 世纪中叶以来，人类跨入了信息时代，信息通信技术的颠覆性影响已波及环境治理领域。在我国，以信息通信技术为主要工具的环境电子治理正在形成，成为环境治理架构中的新事物。文章分析了它对环境治理现实与潜在的影响。基于政府和公民在环境保护中的根本性作用，文章以二者的互动为视角，首先介绍了我国环境电子治理的概况；随后以对国家与省级环境保护主管部门门户网站的实证分析为切入点，阐明了政府为主导的环境电子治理内涵、表现及发展趋势；随即，文章在相应案例的基础上，分析了公众主导的环境电子治理

的组织化、准组织化和非组织化三种形态；最后，文章简要探析了环境电子治理可能产生的结构变革等潜在影响、尚存的发展障碍及法律可能发挥的作用。

自20世纪中叶以来，人类跨入了以计算机的发明与普及为标志、以信息的产生、处理、传播、影响、获得方式变革为特征的信息时代。姑且不论经济与产业化贡献，以计算机、互联网为代表的信息与通信技术（Information and Communication Technologies，ICTs）将信息推向社会、政治、文化发展的中心地带，变革了社会、经济、政治等权力结构及人们的行为方式，其影响愈来愈深。正如著名哲学家约翰·杜威指出的："借由新技术实现的思想与信息的迅速、自由沟通一改传统面对面交流的弊端，产生持续、全面的互动，强化了现代国家统一性……距离的缩减呼唤新社会、经济、政治组织的出现。"可以说，信息与通信技术的影响在现代社会随处可见，催生了电子商务、电子政务等大量的电子化的社会、经济、政治组织新形式。在环境保护领域，随着信息时代对我国社会的重塑，环境治理也发生了变化，以信息与通信技术为基础的环境治理新模式——环境电子治理——正在浮现。

实践中，许多先进国家已经在许多环境治理领域率先应用了信息与通信技术。广义上，信息与通信技术对环境与生态保护的贡献颇广，例如，虚拟化的交互减少了能源消耗、提高能源效率；地理信息系统广泛应用于环境规划、自然资源管理和环境建模等活动中。此外，信息与通信技术也被广泛应用于环境保护决策中。1997年美国联邦农业部国家有机产品标签条例和2000年联邦林业署制定的无道路区域保护条例激发了互联网在环境决策民主化中作用的讨论，成为信息化时代铺就环境治理新道路的积极探索。

2007年2月，原国家环境保护总局（现国家环境保护部）颁布了《环境信息公开办法（试行）》，随后，环境保护部先后发布了2008、2009年度的《政府信息公开报告》，并在2010年1月举行了全国环境信息化工作会议，提出加快构建先进完备的"数字环保"体系。这都体现了环境保护行政管理者对信息时代的积极应对。然而，这种热情并不能掩盖研究和决策中对环境电子治理状况、前景与影响全面评价的缺乏。为此，本研究试图初步勾勒我国正在出现的环境电子治理的轮廓，并分析它对环境治理现实与潜在的影响。基于政府和公民在环境保护中的根本性作用，本研究将以二者的互动为视角，首先阐述我国环境电子治理的概况；随后以实证分析国家与省级环境保护主管部门门户网站为切入点，阐明政府为主导的环境电子治理；紧接着，文章将以公民为主导的环境电子治理划分为组织化、类组织化和松散化三个类别，并以相应的案例为基础，予以深入分析；最后，文章简要提出了环境电子治理可能产生的结构变革等潜在影响、尚存的发展障碍及法律可能发挥的作用。

一、环境电子治理概述

环境电子治理界定。要言之，环境电子治理是政府、企业、市场、市民社会围绕运用信息通信技术，以保护环境、实现可持续发展而产生的规则、行为和动态过程的总称。与环境保护领域的电子政务相比，环境电子治理的外延更广，它包括政府和市民社会借助信息通信技术推动公民更广泛的环境信息公开、参与和民主运动的诸多努力。当然，环境电子治理并不限于公共部门。

　　环境电子治理是旨在实现可持续发展的新型环境治理模式。具体而言，它可以实现环境保护语境下政治机构、公共组织、公司、市民社会、国际组织等主体间的协调和各种正式、非正式的互动。借助地理信息系统、遥感、共享数据等信息通信技术的环境管理可大幅提高效率。任何具备网络使用基本技巧和设施的人，不论种族、性别、收入、区域，都可全天候获得大量的环境信息。地理屏障的消除使得环境管理有可能抵达或得到原本不会切身参与群体的反馈，市民可以在线投诉甚至与行政官员在线互动，海量、详尽、易懂的环境信息经由网络散布，这在以往都无法实现。毫无疑问，在传统的环境治理样态中，普通公民的知情与参与权虽常被提及，却很难真正实现。

　　同时，环境电子治理不仅仅是一种新的环境治理样态。它深刻地变革了政治与社会权力结构及其运行方式、相关机构功能的实现，而不是信息通信技术与环境保护的简单结合。从现代民主的角度来看，环境电子治理是涉及公众借助信息通信技术影响环境立法、环境行政和环境正义的一系列过程。在此过程中，环境信息的产生、处理、传播和使用成为权力与环境变革的新源泉。环境保护行政机关的传统权力被新的治理安排与网络中的信息源、流、动部分的革除与覆盖。原因在于，网络及其他非互联网信息技术，如短信息、蓝牙、追踪系统、邮件、在线社区、在线论坛、群、博客、聊天室、即时通讯、无线网络等使得便捷、大规模、高速、低成本、互动式的环境治理活动成为可能。在这个意义上，它促使公民有更多的机会影响和参与环境决策及相关程序。由此，在环境电子治理中，任何主体都有可能成为信息的提供者，从而形成治理的中心。这使得环境治理呈现多中心化的趋势，造成国家权力的分权，将环境治理结构不断推向稳定。

　　环境电子治理的特点。作为一种新式、富有前景的模式，环境电子治理具有以下特点。

　　首先，除依托网络和其他信息通信技术实现的信息公开和在线服务外，环境电子治理还创造了大量工具，为环境决策和执行程序提供充分、直接的公众参与空间。

　　其次，环境电子治理注重政府、非政府组织、公民和其他正式或非正式实体之间的网络化和互动。这种协调、合作、伙伴式的网状关系与无处不在的信息通信技术的特性一致。

　　再次，借由互联网扩大的公共领域激发了公众对环境问题及其保护的兴趣，便利了他们的参与。公民日益强大并足以成为环境治理的中心，同时，由于他们对网络等信息通信技术的审慎与态度，使得新互动关系建设更为便利。

　　最后，一个有关环境治理的虚拟的政治—社会结构得以构建。其中，公民对政府环境决策影响方式、公共部门实施环境管理的方式、环境权力／权利分配与运行方式都与以往不同。

　　因此，环境电子治理不仅仅是信息时代可持续发展实现的必然选择，而且是促成环境治理的许多理想成为现实的切实路径。无疑，环境电子治理代表了现代环境治理的新趋势。

　　环境电子治理的核心。许多文献都阐明了信息通信技术对民主的积极影响。环境电子治理的核心是电子民主（edemocracy）与环境民主（environmental democracy）。公民或民众组织一旦掌握信息，就有可能具备了理解与挑战工业组织和政府机关行为方式及权威的能力。

②当利益相关者较为分散无法进行当面交流时，基于互联网的公众参与可以最大程度上优化环境决策。③环境电子治理需要互联网、移动通讯和其他技术促进更广泛与有效的公众参与，它强调公众为应对环境问题而参与的广度、深度与形式。而这些技术又可以帮助政府界定自身在环境治理中的位置，并使得公众更好地理解其他主体的需求与框架。由此，公众具备更多的机会参与环境保护活动，表达自身的需求并希望得到环境国家的认可，同样地，他们也更有可能成为环境治理中的独立主体。

相应地，随着环境的持续恶化与相伴的政府失灵，公众对环境国家的信赖不断降低。更有效的环境信息、便利的参与途径是扭转当前局势、增加公众对环境保护行政者信心的良好途径。环境电子治理允许公民与计算机互动，不受时间与地点的约束，个人无须前往行政机关，即可获取信息或参与，环境治理的效率大大提高。此外，网络和其他信息通信技术为参与者提供了灵活的开放平台，使得他们自由表达不同的需求与呼声，较少受到政治压力和经济条件的约束。大量的在线环境信息和便利的参与途径鼓励公众的参与热情，提高了环境治理的透明性与可信性。

与提供一般的信息、服务、工具的电子系统相比，扩大公民参与公共政策审议的网络系统对我国社会主义民主社会的建设具有更深远的影响。因此，在线环境信息公开、在线服务和互动工具对环境民主的积极作用将是本节的论述重点之一。

我国的环境电子治理。中国高度重视信息通信技术的进步。截至2008年12月，中国互联网使用者已突破2.98亿人，这一数字仍在大幅增长中。工业与信息技术部的数据显示，中国移动电话的使用者已在2010年3月达到7.769亿人，并依然以17.51%的年速率增长。毫无疑问，我国民众已日益处于信息通信技术的包围之下，受其影响。因此，任何社会治理都不能忽视这一现实。

面临信息通信技术的冲击，我国对电子政务进行了大量投入，并每年以40%的速度增长。虽然目前并没有完全接入世界网络，但我国已经采取了诸多举措。自1993年起，中国启动了"金桥工程"、"金关工程"、"金卡工程"，为电子政务奠定了基础。1999年，包括在线电子信息交换、在线支付、在线政府采购、电子传递、信息中心建设、电子文件管理与发布、电子税收、数字身份识别在内的"政府上网工程"在全国范围内实施。公众对公共事务参与的积极性被前所未有地激起。

互联网及其他信息通信技术影响了我们保护环境的方式。正如丹尼尔·埃斯迪指出的，计算机和通信技术的飞速进步及其引发的知识革命改变了我们对环境问题及其应对举措的认识与理解，这共同导致并将最终受制于对环境损害的新价值判断。我国的环境治理也正起着这种变化。环境电子治理有利于更有效的环境监测、环境信息公开、公众参与、生态标签与认证。具体而言，至少环境治理的四个维度将随之改变。其一，环境监测的方法增多，应用更广。持续的监测及基于信息通信技术的后续数据分析为环境管理提供了坚实的事实基础。采样分析和结果预测的方法逐渐过时。其二，信息通信技术被广泛应用于环境规划和自然资源保护领域。其三，节约用纸、智能交通系统、更符合清洁生产、循环经济的智能生产线的采用等使得信息通信技术对能源节约、温室气体减排和自然资源保护产生积极作用。其四，环境电子治理中公众环境保护意识、知情权与公共参与得以加强。普通民众可以便捷地获得通过网络平台发布的环境信息并在线互动。这四种类别以各种形式广泛地存在于环境电子治理的多方面。

然而，受篇幅所限，本节无法分析环境电子治理各个方面。本研究将从政府与市民社会互动的角度侧重探究上述环境电子治理的第四个维度，在系统框架下描绘政府与公众作为主要参与者的互动与协调。如前所述，公众参与和信息公开向原来被排斥群体的扩展是环境电子治理的首要原则。正如多纳德凯特所指出的，治理是政府、公共机构、市民之间在政治活动、政策制定、项目开展和公共服务等活动中互动的产物，同时，基于其社会目标，治理更多的关注多维度的协调而不是个体性的行为、主体或过程。

二、政府主导的环境电子治理

鉴于政府在环境治理中的决定性作用，政府主导的环境电子治理是我国环境电子治理的重要组成部分。面对从传统治理方式到新模式的转变，环境保护部门迅速应对，采用信息通信技术提供信息、服务并与公众、企业和其他政府机关开展互动。下述分析将主要阐述各级环境保护行政主管部门在环境电子治理中的角色。

早在第七个五年计划期间，国家环境保护总局就采用了小的应用系统，并建立了小型的Debase Ⅱ数据库。1992年，在亚洲开发银行的《选定城市管理信息系统建设》项目的资助下，我国选定了上海、大连和南通三城市的环保局被实施单位，建设了城市管理信息系统，并成立了环境信息中心。1996年，原国家环保总局获得世界银行的技术援助，完成了27个省级环境信息网络系统建设项目。系统采用Sybase数据库和UNIX服务器，并实现了X.25网络。2003年，原国家环境保护总局开发了电子政务综合信息平台，整合了环保业务应用系统和办公自动化系统，挖掘了信息通信技术在环境管理中的潜力，实现了环境信息的共享和有效管理。除西藏以外的各省、市、自治区环保厅和多数地级市环保局都已建立门户网站和局域网办公系统。

环保局门户网站内容评估。本节以政府和公民在环境治理中的互动为切入点，因此，面向公众的各级环境保护主管部门的门户网站是实现这种互动的重要场合。对其网站结构、内容、功能的分析是窥知我国政府主导的环境电子治理状况的有效手段。应当说明的是，政府主导的环境电子治理并不等同于政府网站，前者包含有关环境信息化的发展规划和管理制度、组织体系、网络基础建设和环境管理业务应用系统等多方面的内容。

本部分将分析国家环境保护部和30个省级环境保护局的门户网站。主要评价指标为：环境信息发布，包括环境法律、法规、环境新闻、环境状况、环境知识及企业环境等信息；在线征询，包括立法公共意见征询、环境影响评价报告和其他决策公众评议等；在线服务，包括行政许可、行政复议申请、信息公开申请、在线下载等；在线互动，包括在线调查、公众咨询、在线投诉、在线讨论、公共论坛等。

（1）环境信息公开。

通过对 31 个环境保护机关网站的分析，我们可以发现，大多数网站都在环境信息提供这一项上有较好的表现。其中，表现优秀者不仅发布综合性的全国环境信息，还提供详细的区域环境质量数据、年度环境质量报告和定量考核结果等地方性环境信息。例如，湖南省环保厅针对洞庭湖区的生物多样性保护，专门设立了门户网站下的子网站，提供了自然保护区、外来入侵物种、物种分布等信息。再如，为提供全省流域管理的总图景，江苏省环保厅开设了水污染控制和水资源管理的子网站，发布有关规划、法律法规、统一标准和环境管理等信息。青海、贵州等表现欠佳的环保厅网站发布的环境信息则较为贫乏且更新较慢。

值得一提的是，除法律规定必须公布的非法排污企业的信息外，极少有网站主动公布有关污染排放监测数据和企业环境信息。在这一点上，国家环保部网站无疑较为领先。2007 年，原国家环保总局就在网站上发布了长达 237 页的排污企业名单，责令他们安装自动监测和控制系统，并应及时发布收集的数据。

（2）在线征询。

网络已日渐成为环境保护部门就环境立法、规划、环境影响评价报告和其他规范性文件征询公众意见的重要渠道。鉴于各省环境保护行政管理水平的差异，各网站在线征询的充足程度不一。一般而言，经济发展程度越高的地区，在线征询越充分。例如，浙江省环保厅网站辟了若干专栏张贴建设项目信息、行政审批结果、环境影响评价报告等以征求公众评阅、意见。而内蒙古自治区环保厅的网站就少有类似征询。

即便不考虑参与在线征询民众的广度和参与深度，现有在线征询依然存在一个致命弱点：参与者的评论不为其他参与者所见。这意味着，在线征询的功用在参与者提交个人观点的一刹那即停止，更有效的讨论与互相审议严重缺位。此外，决策者很少针对参与者的意见给予反馈。参与者的主张被采纳、反对抑或搁置都不得而知。如此一来，这种单线的公众意见输入只是为了给决策提供形式合理性，并不能缓解环境保护的精英决策与公众受害的二元紧张关系，形式上的公益采集无条件地支持了看似严谨的科学论证。长此以往，公众对环境政府的信赖将逐步降低，参与热情将被遏制，如此，民众主导的环境电子治理的大门被悄悄开启。

（3）在线服务。

毫无疑问，在线行政许可、建设项目审批等在线服务的受众主要是企业。在这种企业友好的服务中，北京市和上海市环保局网站表现优异。但一些内陆省份则不尽然，贵州、内蒙古和宁夏环保部门网站上的"在线申请"一栏为空白链接。

此外，所有网站上都提供了在线"信息公开申请"的入口，这得益于 2007 年国家环境部颁布的《环境信息公开办法（试行）》。依据该规章，环境保护部门和排污企业负有发布重要环境信息的义务。这也是国务院《信息公开办法》的必然要求。然而，环境信息公开的实际效果却不尽人意。以天津市环保局发布的 2008 年政府信息公开报告为例，环境信息公开专栏的年度访问量为零，且无人提出信息公开在线申请。据《环境保护部政府信息公开工作 2008 年度报告》列明的，2008 年年度以网上提交表单形式申请政府信息公开的占总申请的 89.7%。相关的原因分析应从社会、经济、文化的广阔背景入手。

（4）在线互动。

旨在沟通环境决策与公众的在线调查、在线咨询、在线投诉、在线评论、在线访谈等在线互动越来越多地出现在环境保护机关的网站上。但是，这些互动工具并没有充分地发挥作用。具体而言，超过半数的网站并没有公布公众的评论、投诉、调查结果和咨询内容。互联网激发各级参与者对话的潜力并未被发掘。当然，天津市环保局是例外，其门户网站专门开设了公共论坛，但遗憾的是，很少有参与者利用这一空间。内蒙古、贵州等地的网站则表现较差，没有设在线互动的入口、链入空白页、内容贫乏或反馈不足。再如，虽然山西省环保厅设有在线投诉专栏，列出了 118 条投诉，但多数回复都是"请拨打 12369 热线投诉"等虚答，在少数有意义的回复中，基本上都是对公众投诉的否认。由此可见，很多环保机构并没有将网络作为重要的民意来源，或者说，通过网络表达的民意并没有给环境保护行政主管部门造成压力，促其启动必要的管理程序，公众没有充分机会参与环境治理，遑论对其合法与正当性形成合意。

总之，借助互联网的政府主导的环境电子治理在我国日渐兴盛。对信息通信技术的利用显著改变了传统环境治理的方式，促使公众更多地参与环境决策。然而，上述分析表明，我国政府主导的环境电子治理尚且处于萌芽与试验阶段，还存在以下问题：

其一，环境电子治理水平存在显著的区域差异。一般而言，环境保护部网站更注重环境信息提供，而区域网站，尤其是东部、沿海地区，则更关注在线服务与互动。这些地区的经济发展水平较高，而且公民更有参与积极性。因此，国家和沿海地区网站内容更为丰富，而内陆偏远地区的网站仅能满足政府、公民与企业的在环境治理中的基本需求。因而，对我国环境电子治理的考察必须考虑区域间经济、社会、文化的诸多差异。

其二，双向或多向的互动较为有限。单线程的环境信息公开与传统的方式并无本质区别。相反，开放与双向的交流平台亟待完善。否则，利用互联网等信息通信技术便利的公众参与机制并不能改变或缓解环境法律规范制定或其他决策活动的多利益冲突性。

其三，我国环境电子治理水平超出笔者最初的预测，但这些在线工具的实际效用却不容乐观。2009 年，环境保护部接受的 181 人次公众咨询中，网上咨询仅为 48 人次。②湖北省环保厅在 2008 年只接到了两次在线信息公开申请，在线评论则为零次。③除较低的环境保护意识和网站设置不科学外，需求侧分析的缺位也导致了我国政府主导的环境电子治理的不理想状况。

三、公众主导的环境电子治理

以互联网为代表的信息通信技术不仅改变了政府管理环境事务的方式，也深刻地影响了公众在环境治理中的作用，促使对抗或补充政府环境管理的以公众为主导环境电子治理的形成。目前，与政府主导的环境电子治理中的信息公开、参与机制相比，公众更倾向于利用公共网络构筑自身在环境治理的角色。由此，这种治理方式更有潜质培育地方性、自治性和高效性，同时略微不稳定的环境良治以及中国的反思民主。

信息通信技术与市民社会。网络等信息通信技术可以扩大市民社会的空间与维度。愈来愈多的个人与群体运用网络开展政治活动，影响选举系统和政府政策，"电子民主"开始浮现。由此增容的市民社会不仅丰富了普通民众发声的渠道，而且使得交谈、协商、争论、审议更便捷、普遍。

虽然电子媒介尚不能完全替代面对面的交流，但利用得当的信息通信技术可以加强公众的参与，使其需求与价值观念得到充分的表达，例如，决策者与公众的对话可以达到较好的参与效果。就中国而言，网络公共空间正逐步成长为环境治理的重要场所。

中国公众主导环境电子治理的现状。一般而言，公众主导的环境电子治理呈现三种形态，下面笔者将结合案例逐一予以分析。

（1）组织化的公众主导的环境电子治理。

案例1：绿网（http：//www.green-web.org）

1999年9月，一群网民设立了基于网络的环境保护非政府组织：绿网。在接下来的10年中，该组织充分利用了网络信息丰富与灵活的特点，招募了一批志愿者。他们主要开展网络活动并辅以网络外的环境保护活动。他们还利用网络的无国界性开展国际环境保护组织网络活动，并在2004年启动了网络民间环境保护组织的培训项目。

除案例中的"绿网"外，我国近年来涌现出大量的类似组织，如"绿色北京""藏羚羊信息中心""瀚海沙""学生环境保护绿色网络"，增进了公众环境意识和公众参与热情。此外，我国传统的环境保护非政府组织也纷纷利用网络等信息通信技术，建立网站平台，用以发布环境信息，搭建交谈场所并为现实的环境保护运动服务。

可见，组织化的公众主导的环境电子治理一般具有一定的组织框架，同一框架下的参与者具有相同或相近的观念、价值与目标，具有准政治化的结构。这些基于网络的环境保护非政府组织在凝聚活动者、发布环境信息、传播环境保护思想与观点、迫使决策者考虑公共影响等方面具有不可替代的作用。而且基于规模与影响力范围的不同，他们可以产生或大或小的公众影响。

（2）准组织化的公众主导的环境电子治理。

案例2：厦门反PX运动

2007年，厦门市政府决定上马该市有史以来最大的工业项目：海沧PX（即二甲苯，为一种化工原料）工程，此工程投资108亿并将带来每年800亿的GDP拉动值。消息公布后，引起厦门市民的强烈关注与抗议。实际上，项目在2006年11月就开始动工。2007年3月，逾百位政协委员联名提案，认为项目具有重大的环境风险，要求项目迁址。随即，有关PX项目的所有信息被贴在本地论坛上，立即掀起轩然大波。市民在QQ上建立大量的讨论PX项目的群，许多人开设了专门的博客，传递有关信息。由于厦门市政府坚持工程建设，数千名市民于 6 月 1 日和 2 日走上街头，开展游行示威活动。市民广泛运用网络和短信息沟通，约定并传递游行示威的时间、地点与注意事项。最终，该工程被迁往 160 公里之外的别处。

姑且不论本次环境保护运动可能涉及的环境正义问题，信息与通信技术对本次运动的成型与波及面起到极其重要的作用。活动参与者广泛运用在线论坛、讨论群、博客等工具，传播信息并促成实时、互动的商谈，在多次的观念交换与共享的过程中，具有相同价值观及主张的"反 PX 项目"阵营得以形成，为运动的开展提供了组织与思想基础。这次运动是典型的半组织化的公众主导的环境电子治理，虚拟世界的沟通与现实的诉求成为两个要素。许多运动的积极分子同样是 QQ 群、博客、在线论坛的创建者或管理者。例如，著名的博客写手连岳就在自己的博客上披露了大量的信息，并发表了许多有见地的观点，因而被称作此次运动的"精神教父"。斯科特有关网络对社会运动影响的论述可以帮助我们理解信息通信技术在我国公众主导的电子环境治理中颇具根本性意义的原因：首先，网络在促成各运动组织横向联合的同时并不会造成上下级式的权力关系；其次，这可以使得较少的资源依然可以得到合理的配置并产生较大的影响；再次，活动者可以利用网络塑造意识形态，例如利用自己的媒体对抗报纸、电视报道等传统媒体；最后，网络较少的审查的环境可以帮助活动者越过国家控制而更好的传递主张。

（3）非组织性的公众主导的环境电子治理。

案例 3：钴 60 泄漏事件

自 2009 年 7 月 10 日起，一条标题为"开封杞县钴泄漏"的消息在国内各大网占上风传，点击量直线上升。据该消息称，河南杞县利民辐照厂放射源使用后无法放进深层地下冷却水，裸露在空气中，造成钴 60 泄漏。消息广泛传播后，在没有任何政府部门出面处理和公布信息的前提下，钴 60 泄漏即将爆炸的传言造成民众的恐慌，10 万名民众奔向周围区域"避难"。最后，经过调查，该信息被证实为谣传，但是，该事件带来的教训却发人深省。

钴 60 事件只是我国非组织化的公众主导的环境电子治理的一个缩影。网络这一私人化、普遍化、平民化、自主化的自媒体在民众环境治理中的巨大力量得以淋漓尽致的体现。之所以将其界定为非组织化的，原因在于：其一，这类环境电子治理活动的主要目的是引起传统媒体和政府的关注，网络只是揭露重大环境事故和公共危机绕开当地政府信息封锁的发声平台。其二，这类消息往往发布在具有全国影响力的公共论坛或大型网络新闻媒介——如天涯、猫扑、凯迪社区、搜狐、网易等。网络上的大量关注是这类环境电子治理得以发生的前提。其三，这类治理助力于网络的重要原因是政府遭遇的信任危机。

公众主导的环境电子治理的发展趋势。上述三种公众主导的环境电子治理概括了我国现有体制外环境电子治理的基本样态。无论是组织化、准组织化或非组织化的公众主导的环境电子治理都对环境保护、公众环境意识、环境民主、环境正义产生了或多或少的积极影响。由于互联网和其他信息通信技术的网络化功能，公民可以保持相连，更频繁的互动式商谈有助于共同环境保护价值体系的形成。

值得注意的是，如果没有其他社会或政治权力的参与，基于网络的环境运动很难产生现实的影响。当有可能产生较大影响事件发生时，传统媒介通常会介入，如果某项诉求能得到专家和掌握政治资源人士的认可，则更有可能造成较大反响，这也是这类治理较常诉诸的力量。尽管尚不具有完全自治的结构，在环境管理政府失灵的语境下，公众的环境保护诉求无法在体制内得到满足，因而，公众主导的环境电子治理将持续发展，推动我国的环境信息公开和环境民主的进程。为此，须将公众主导的环境电子治理与市民社会传统的力量结合起来分析。

四、我国环境电子治理的结构分析与发展趋势

概言之，信息通信技术成为当今环境治理必不可少的推动力量，为其带来可喜的变化：政府服务的在线传递、互动式的公共参与等。基于互联网的公众参与促成了真正民主的表达而不是利益诉求的简单重叠。当两个势均力敌的力量都试图影响环境治理时，他们都可以依靠新媒体制定出单独的战略，并将前述"真正民主"的假设运用至宏观层面。这对通常被忽视的普通民众意义更为重大，这从他们对自己主导或引发的环境电子治理的热情即可窥知。在可以预见的未来，信息通信技术在环境治理中的作用将逐步加强。

我国目前的环境电子治理仍处于起步阶段。政府主导的环境电子治理与公众主导的环境电子治理在结构上彼此影响，在二者的互动中，环境电子治理的模式将持续变动。从而更有效、逐步完善的政府环境电子治理将导致半组织化与非组织化的民众为主导的环境电子治理的消失；相反地，民众主导的环境电子治理的膨胀将遏制前者的发展。毋庸置疑的是，任何结构性的变迁都离不开整体的社会、政治、经济、文化背景。

此外，法律在推动我国环境电子治理结构完善与效用提高上具有举足轻重的作用。有关环境知情权与公众参与的规范是重中之重。2000年《清洁生产法》、2008年《政府信息公开条例》、2007年《环境信息公开试行办法》、2006年《公众参与环境影响评价暂行办法》、2000年《互联网管理条例》、2000年《电信条例》仅为环境电子治理提供了框架性的法律依据。电子政务立法的缺失也影响了政府主导的环境电子治理的发展。法律扮演何种作用、如何推进环境电子治理的发展等问题有待进一步分析。

当然，环境电子治理并不是实现优良的环境治理的万能灵药。相反，我们应当充分将传统环境治理与环境电子治理结合，补其所长，弃其所短，从系统论的范畴着眼，最终实现社会、经济、环境的可持续发展。

第四章　电子通信技术概述

第一节　电子通讯产品结构设计

随着社会的全面高速发展，信息技术得到广泛的推广，电子产品充斥着人们的生活，人们对于电子设备的需求越来越大，同时对其性能和质量都表现出高要求和高标准。因此，电子通信设备的设计和开发是现阶段一项重点任务。

随着社会的全面高速发展，信息技术得到广泛的推广，电子产品充斥着人们的生活，人们对于电子设备的需求越来越大，同时对其性能和质量都表现出高要求和高标准，因此，电子通信设备的设计和开发是现阶段一项重点任务。一个好的设计，少不了坚实的理论知识作为支撑，因此在设计的过程中不仅需要注重经验的积累，更要注意理论知识的实际应用。现阶段在满足人们审美的同时又能满足人们对功能等方面的需求的这种产品才有市场竞争力，只有高性价比高性能的产品才能得到大众的认可。

一、电子通信设备的开发原则

（一）电子通信设备的基本结构设计原则

电子产品的常见结构大多为箱式结构，例如：机柜式结构、便携式结构等等。现阶段人们对于通信设备的要求不仅仅在于性能方面，对于外观设计等细节方面也非常重视。因此在设计过程中，需要在遵循基本便携容易携带的原则的基础上，给用户良好的视觉体验，只有这样才能极大的展示通信设备的特点和作用。

电子通信设备的结构设计要求：

电子产品的结构方面的设计必须遵守电子通信设备设计的计划书，进而参照用户需求材料，结合多方面的影响因素，设计这一设备。在设计过程中，设计者应该提前对于使用者的切实需求进行了解，对设备的功能进行详细的计划，进而使用先进高效的生产方式，对于产品的性能结构，使用年限等方面进行设计。在实际生产过程中，设计者应该结合现阶段时代特征，在保证性能的同时，带给用户好的视觉体验。设计中必须使产品符合国家标准，切忌越规。

（二）电子通讯产品结构设计的基本原则

（1）坚持以用户体验为首的原则。企业生产的产品最终是通过市场流向用户的，因此设计过程中不仅需要考虑市场的特点，更要重视用户的体验。设计者在设计之初必须要充分的了解市场，了解使用者的真实诉求，从使用者的角度出发设计产品，只有这样才能得到大众的认可，才可以成为具有竞争力的产品。

（2）可操作性原则。设计者从用户的角度出发的同时，仍旧需要结合现阶段企业的实际状况，以及现阶段技术的发展情况，从多方面分析问题设计产品，此外，实际生产的成本也是必须仔细计算的一个重要数据。如果不考虑生产成本，过多的成本，进而使得产品出售的价格大幅度提升，这对于真正的市场销售十分不利。因此，设计中需要考虑设计方案的可操作性。

（3）性能稳定原则。电子通信设备因其使用的特点，对于产品的稳定性要求极高，这也是大多数使用者选择产品时的一个重要参考方面。电子通信设备的性能的稳定性主要表现为产品生产中的规范性、产品的散热等特点。

二、产品结构设计的基本过程

（一）结构需求分析

首先从产品的总体需求量以及设计的计划考虑，需要将产品设计用户的需求提取出，这是设计、生产等的重要根据。其中重点包含产品的用途、实际生产的环境要求、材料性能要求、安装检测要求等方面。

（二）结构概要设计

对于电子通讯产品的结构概要的设计，不仅需要注重整机结构参数设计，还要进行环境结构说明以及相关重要指标的设计，而且其中还包括用户接口及板间连接器说明。结构概要的设计需要对电子通讯产品的结构组成、组成材料以及表面处理方式、外形尺寸等进行说明和设计，对于电子通信产品而言其采用的散热方式以及电磁兼容方式等也要有具体的说明。

（三）结构详细设计

在完成结构概要设计方案之后，还要进行详细的结构设计。对电子通讯产品结构设计过程中，进行详细结构设计，要依次完成产品图纸设计、明确技术要求、列出详细的零件清单，制定详细的加工技术要求。在此基础上，还要根据产品结构设计的准则，进行检测、对比和修改，保证最后的详细设计能够符合概要设计的要求，使其无论从设计本身还是材料、工艺等方面都能够保证最后的电子通讯产品结构设计。

（四）结构设计验证

在电子通讯产品结构详细设计完成之后，需要对结构设计进行验证，按照结构详细设计依次进行样机加工、初装以及后期的修改，通过不断的验证，最终实现电子通讯产品的功能需求。此外，还需要按照工艺要求完成性能、环境试验以及 EMC 等各项测试，然后对需要开模加工的零件，进行模具设计和制作，通过不断加工和修改，最终完成模具的试装和修模，最终符合产品的要求。

（五）结构设计定型

在电子通讯产品结构设计验证完成之后，还要进行饭金件、塑胶件、机加工件等各个部件的验证和定型，最后要根据企业 ERP 系统要求进行操作和定型。依照最终确定的合格电子通讯产品结构图纸，完成资料的统计和整理，对最终合格的进行存储，留作后期使用和参考。

三、结构设计过程中关键问题

随着电子产品市场的发展和电子产品的多样化，不仅有传统的盒式电子产品，还有箱式以及柜式结构，在零件种类上也有塑胶、硅胶件等多种材质的零件，而且还出现了钣金件等多种材质的零件。所以，在电子通讯产品的结构设计中还要充分考虑各种因素的影响。

（一）电磁兼容性设计

电子通讯产品结构设计的重要一环是电磁兼容性的设计，对于电子通讯产品的电磁兼容性设计需要考量产品的抗电磁干扰屏蔽墙，检测电路模块本身的抗干扰能力和外壳之间连续导电状态是否良好。

因为在电子通讯产品的电磁辐射等问题的出现，主要是出现在外壳连接缝、传输电线和面板的开孔上。所以在电子通信产品机构设计过程中，可以采用镀锌的方式进行处理，并且在连接缝的地方还要进行喷漆，保证每个零件之间的连接点距离应保持在 40-100mm，而且在零件的面板上开孔要尽量采用小孔的形式。

（二）产品结构的热设计

在电子产品结构设计中，还要考虑电子通讯产品的热设计问题，尤其是在使用过程中的散热问题。这主要是在电子通讯产品的使用过程中，产品内部的零件的热电阻普遍较大，所以在使用过程当中会产生大量的热量，而且电子通信设备的密封性相对严密，所以使用过程中的会积累大量的热，使得通讯产品的机壳热辐射的效率变低，最终导致通信产品使用过程中会导致机身的温度不断提高，内部零件会出现损坏。

所以，在设计的过程中应该进行热阻降低的考量和设计，通过结构设计提高产品的散热能力。在材质的选择中，就应该选择导热能力比较好的材料，像铝合金等材料提高产品机壳的散热能力。并且，设计中还要增加外壳的通风孔道，将发热量较大的零件排布在通风道上。

1. 选择导热系数较大的材料

在产品结构中，导热系数较大的材料可以降低相对于触点的热阻，并通过增加导热表面来增加产品本身的导热。不断研究表明，铝合金的导热系数较大，因此铝合金材料是更适合电子产品散热的材料之一。

2. 加强机壳进风、通风以及出风通道的设计

为了更好地改进电子产品的设计，进气口、排气口和排气口的设计是必不可少的一部分。加强进风口、通风风口和出风口的设计，可不断提高热对流的流畅度，并能有效降低电子产品使用过程中人体的温度。在设计过程中，我们可以结合产品的特点，选择温差较大的地方，合理设置散热孔，设置加热部件的位置，使其尽可能地处于内部风道的最佳位置。

此外，对于发热量较大的电子产品设计过程，一方面可以通过增加风扇进行散热；另一方面，也可以通过增加散热零件增加来提高产品的热量散失能力。

3. 利用金属外壳本身散热性的特点

在电子产品结构设计中，在产品造型设计中采用铝合金型材散热器和金属外壳是解决散热问题的一种比较直接的方法。电子产品采用铝合金型材散热器和金属外壳，可直接通过产品外壳散热，减少产品使用过程中产生的部分热量，同时，提高了产品壳体的散热效率。因此，产品外壳的面积越大，其自身的散热效果就越好。

总而言之，电子通信产品的结构设计要保证产品的实用性、可靠性和经济性，坚持以用户为中心，以优秀的技术为基础。科学的设计可以提高产品的电磁兼容性和散热能力，为用户提供舒适耐用的通信产品。

第二节　电子通信设备的接地问题

随着国家经济技术的不断发展，对于电子通信设备的重视程度逐渐提升。人们对于电子通信设备的使用频率逐渐提升，使得人们对于电子通信设备的依赖性越来越高。电子通信设备作为电子设备的一种，是需要进行一定程度维护和控制的，不然就会容易出现各种问题。通过对接地系统的全面分析和认识，对接地系统进行了统一的分析论述，对接地的原理、原因以及系统的种类等问题从多个方面进行了全面的阐述。并针对电子通信设备的 EMC 设计准则，对其中产生的多种设计问题进行了全面的分析，并针对这些问题提出了相应的解决办法。

一、接地系统的功能

从系统设备和系统的器件以及单元的角度来说，只有其中的各单元部件之间不存在影响其他设备器件以及系统的辐射和相应的电磁环境的时候，才能成为是满足了所谓的 EMC 设计要求。

从设计的理想角度来说，电子通信设备系统满足 EMC 设计要求是十分有必要的。

所以一般的电子通信设备系统要么从电磁环境的角度入手，降低其本身对器件的影响，要么从整个系统的角度入手，尽可能地满足系统本身的多种功效以此提升系统的综合性。从目前我国的制造商和设计者的角度分析得知，两者均具有相对独立的技术，所以在进行设计的时候，需要进行综合性的控制，确保不会出现 EMI 问题。

对于电子通信设备来说，虽然从整个系统的角度来说可以实现 EMC 标准的控制，而且对其中的各种问题，都能够不断地分析和改正，最终实现各系统部件之间的相对 EMC 控制。但从实际情况分析得知，由于系统中的部件之间比较容易受到电缆线和网络连接线的相对电磁影响，所以必须要保证电子设备的持续接地。

设计者在进行相应的系统设计的时候，要确保电流在电子通信设备中保持流动，而且不能够因为各种原因或者问题出现电流消失的问题。在对电流进行分流的时候，一般都是将其分流至地面，在进行系统设计的时候，需要将低阻抗考虑在内，并确保其本身的可靠性。

二、电子通信设备接地的原理

将接地系统运用在电子通信设备中，是确保其能够在任何时候都可以利用低阻抗的方法，实现对整个系统能量的控制，并将多余的能量排入地面中，实现对公差的控制，并保持系统本身处于同一电位。

三、接地原因

进行设备接地的原因主要是为了防止出现危害人们安全的问题，利用设备接地，实现对人员安全性的不断提升。在使用接地系统的时候，一般使用的就是低阻抗接地系统，降低通信以及电子系统的噪音，实现对瞬态电压的保护，进而降低雷电以及线路对设备的影响，降低工作时的对地电压，实现接地的作用。

从整体上来说，之所以让系统本身接地，主要是实现对故障电流的控制，并降低其电流对开关以及各部件之间的影响，进而确保电子通信设备的正常运行。另外主要就是为了提高整个设备系统的安全性，确保人身误触机壳时不会受到电机。从整体上来说，进行电子设备的接地，还能够降低设备中的静电荷的积累量，并降低机架以及机壳上的射频电压，并提高射频电流的均匀性，实现导体的稳定性，提升电路的对地电位能力。

四、不同的接地系统

根据电子通信设备不同接地方式分析得知，一般的接地系统主要有交直流配电接地系统、屏蔽设备接地、射频接地、参考地、雷电地等。

在进行接地系统设计的时候，为了满足多个方面的要求，设计者在进行设计的时候，一般会忽略其中的一些问题。

一般比较容易忽略的就是电击问题，在进行设计的时候，只有出现电击问题的时候，才会设置高级的浪涌保护装置，确保不会出现此类的问题。

从综合性的设计者角度分析得知，设计者为了满足多方面的要求，需要根据电源系统的参考电压进行分析，并保证使用者不能被电击所伤害。在设备出现错误的时候，需要将错误出现前的情况进行分析，并利用低阻抗通了和避免地环路来减小电噪声，以此减少电击对整个系统的影响。

从多个电路角度分析得知，所有的电路都具有接地点，而且接地点对于通信系统来说，具有十分重要的作用。利用 EMC 设计要求，可以最终实现接地系统的完整性。

噪声控制。通过减少 EMI 中的声源发生率，可以降低耦合路径和相应影响电路所产的噪音。而且在进行设计的时候，一般都是需要对这些问题进行分析，然后通过改变不同元件之间的切合度，适当地降低相应元件之间的影响，进而降低噪音的发生率。电子通信设备本身就具有通信系统的复杂性，而且从一定程度上来说，随着现代通信系统的不断升级，其本身的电子元件逐渐增多，导致通信设备的噪音率逐渐提高，尤其是在出现系统外部噪音的时候，一般很难解决。所以设计者一般都不会完全按照图纸进行设计，主要是在设计的时候通过寻找相应的折中办法，实现对不同电路系统噪音的控制。

地电位。从电路的角度分析得知，对于每个电路来说，其本身就只有一个参考地。这主要是由于两个不同的电汇产生不同的电位，如果选择两个参考地就会出现两个不同的地电位，必然导致出现噪音。而且从电路本身进行考虑，如果出现了两个不同的参考地，必然也会导致电路本身出现相应的参考误差。但通过对两个电路和组成电路的系统进行分析，最终得出每个电路只需要一个地电位，就能成为电路中的唯一物理接地参考源。

电磁场。一般情况下在电路进行低频使用的时候，电路可以将其中的一些复杂电子元件进行一定程度的忽略，并将其看作等效的电网络。一般在这样等效的电网络中，可以利用简单计算实现对不同电路不同点的计算。在电路的尺寸和波长比较小的时候，电路的辐射是不可以被忽略的。一般情况来说，比较简单的导线是可以看作可变电阻和电容的，而且其本身的可变性会影响整个系统的功能，导致导线的尺寸和承载的频率受到影响。电路中拥有电流，进而会产生相应的磁场，电压也会导致出相应的电厂，所以这些出现的电磁场和电压必然会导致各元件之间的相互影响。

共模电流。在对电路中的不同元件进行分析的时候，一般需要将电路的不同导体进行不同程度的电流流向分析。在进行电流流向分析的时候，需要利用差模涉及相应的信号，并利用电流实现对不同导体的源流控制，并利用另外的一个导体实现电流的回流。在共模的条件中，人们在进行研究和设计的时候，所设计的条件是没有信号的，也就是在导体中没有相应的电流。但在真实的情况下，这种条件是不存在的。信号源和负载一般需要直接连接在地上，以此保证两个接地点质检的共模电流源的电位之间存在差异。在进行共模电路电流材料控制的时候，需要确保此环路直接连接到地面上，而且需要通过不同的寄生电容实现电路一端地连接到地。共模电流会导致出现很多不同的问题，想要真正地解决这些问题，必须要针对不同电路的不同特点进行相应的分析和研究。

五、雷电保护

在对电子通信设备进行使用的过程中，电击是被公认为最具有破坏性的。通信系统本身就是服务于广大人民的，所以电子通信系统在很多比较偏远的乡村也具有比较广泛的普及。但由于受到自然环境的不断影响，如果出现电击的情况，就会直接导致电子通信设备的电流过载，进而导致相应的设备出现较为严重的破坏。雷电本身就是比较纯粹的高电压，对于电路有较为严重的伤害和影响，通过分析得知雷电保护并不包含在 EMC 领域中。一般为了全面提高雷电保护的效果，会将电缆埋入地下，并以此代替架设在高空中的电缆，有的地点还会使用相应的屏蔽和浪涌保护装置。

六、通信中的干扰"故障点"

对于电子通信系统来说，其中的干扰故障点主要有电缆线路、地电极、浪涌保护器件等。在现在的电子通信系统中，一般是利用比较先进的 SPD 选择方式对电缆线路进行控制和选择，并通过对电路中多元件之间的协调控制，实现电路本身的多元件之间的统一管理和控制。对于其中容易出现的问题，一般都会设置相应的保护器件，实现对电路的统一管理和控制。

现代电子通信可以看作是社会和国家发展的根本，对于电子通信系统来说，良好的接地效果是满足 EMC 要求的关键。

对于给定的比较复杂的现代通信系统来说，其本身所涉及的设备范围比较广，所以利用比较简单的技术方法是不能实现比较可靠的保护的。

对于电子通信系统本身来说，需要考虑其中的多种敏感点，并将与系统相关的可变参数进行全面的统一控制和管理。

第三节　电子通信行业的技术创新

随着新时代的到来，电子通信行业得到了快速发展，其技术在多个领域中得到了广泛应用，所以电子通信技术的创新与产业化发展受到了人们的广泛关注。本节对电子通信行业技术创新与产业化的意义进行阐述，并对其中存在的相应问题进行分析，然后对相关的解决策略进行探讨，以有效促进电子通信行业的健康、良好发展。

电子通信行业属于技术密集型产业，技术创新对其发展状况有着关键的决定作用，只有对技术进行有效创新，才能够使产业得到有效发展。而怎样对技术进行有效创新已经成为电子通信行业重点关注的问题，为了适应时代潮流，在国际市场中拥有相应地位，使自身的综合实力得到不断提升，电子通信行业就需要对技术进行创新，实现良好的产业化发展。

一、技术创新与产业化的意义

随着新时代的快速发展，电子通信技术得到了快速发展，而电子通信行业的技术创新不仅可以有效提升人们的生产、生活质量，促进创新思维的有效生成，还可以提升通信行业的服务水平，提高消费者的满意度。同时电子通信行业的技术创新与产业化发展会对人们的日常生活与工作带来重大改变，人们能够突破空间与时间的限制，开展远程的互动交流，使人与人之间交流更加频繁，关系更加亲近，并且还可以对各种资源进行充分利用，降低能源消耗，实现对资源的有效共享，进而增强电子通讯的运用效率。此外，电子通信技术创新还可以为社会发展以及军事发展等方面创造有利条件，促进我国综合国力的提升。目前我国电子通信技术在创新方面得到了良好成效，但是在实际发展过程中还存在相应问题，所以在电子通信行业的技术创新与产业化过程中，需要利用合理措施解决相应问题，以促进创新思维的有效生成，确保电子通信行业的良好发展。

二、问题分析

电子通信行业的技术发展对我国社会发展有着十分重要的作用，但是目前我国电子通信行业在技术创新方面还存在着相应问题。第一，区域发展参差不齐，整体的创新能力不足。虽然我国电子通信技术行业已经成为促进我国经济发展的支柱产业，并且具备一定的国际竞争力，部分企业的高技术产品开始与世界接轨，但是大部分产业还是停留在模仿状态，得不到有效发展，致使我国整体的创新能力严重不足。同时由于区域发展的不平衡以及强烈差异，也对电子通信行业的技术创新与产业化发展造成了严重影响；第二，我国缺乏专业的技术创新人才，致使技术研发、软件开发面缺乏较强实力，这已经成为我国电子通信行业发展中的薄弱环节。同时虽然我国对电子通信行业的技术创新与产业化发展越来越重视，并且在研发领域的资金投入不断提升，但是目前的发展速度依然无法与国际市场进行良好接轨。而研发资金投入的不足严重影响着技术的有效创新，降低了新技术研发的成功概率，严重影响着我国电子通信行业的技术创新与产业化发展；第三，与发达国家相比而言，我国电子通信技术以及相关的硬件设备都较为落后。由于基础差、起步晚，对核心技术的掌握程度低，从而导致我国电子通信技术得不到良好发展，行业的综合实力得不到有效提升，十分不利于电子通信行业的可持续发展；第四，整个电子通信行业缺乏较强的产业链竞争力，严重阻碍了电子通信技术的有效创新与产业化发展。

三、解决策略

政府支持。由我国国情来看，不论任何产业与技术的发展都离不开政府的有力支持，所以政府支持对电子通信行业的发展而言有着十分重要的作用。政府支持主要包括：第一，政策支持；第二，资金支持。因此，对电子通信行业关键的技术创新而言，需要政府给予充足的资金支持，并制定良好的支持政策，这样不仅可以对相关部门进行良好协调，以更好地开展研发工作，还可以对政府的引导、协调、监督作用进行充分发挥，从而使电子通信行业的技术创新与产业化发展得到确切保障。

保护知识产权。在电子通信行业发展过程中，想促进相关技术的有效创新就需要对技术的知识产权进行保护，从而为电子通信行业的技术创新与产业化发展提供确切保障。对知识产权的保护对策进行有效落实，不仅可以确保对电子通信技术的良好应用，还可以在应用过程中对其进行有效创新与提升，以促进电子通信行业的良好发展。

构建良好的合作关系。电子通信行业的良好发展是由多个部门联合协作共同促进的，所以相关单位需要构建良好的合作关系。目前我国电子通信行业具备很快的发展速度，却更加突出了其研发成果转化慢的问题，十分不利于行业整体、全面的发展，并且使技术创新很难得到有效突破。因此，在电子通信行业的技术创新与产业化发展过程中，注重各个部门的良好合作，对理论知识进行有效转化，以促进电子通信行业的健康持续发展。

注重对核心技术的有效创新。技术创新是促进电子通信行业良好发展的动力，创新元素是促进行业发展的重要推动力。所以需要在做好基础性技术工作的同时，对创新性工作进行有效扶持。技术创新一方面指的是在设备基础上的创新，另一方面指的是在软件开发基础上的创新，这是促进电子通信行业有效发展的两大基柱，对增强企业的综合实力、市场竞争力、创新性等方面有着十分重要的作用。

构建统一的技术标准。在行业发展过程中，其自身具备的技术标准对其发展程度有着决定性作用，所以需要在电子通信行业中有效构建统一的技术标准，这样可以使行业发展更具规范性，使生产、研发工作更加顺利地进行。此时就需要对政府的带动作用进行充分发挥，对相关的企业、机构、运营商等进行组织，以对相应的行业标准进行统一制定，同时为了能够避免对成本投入的浪费，可以以实际情况为基础，对已经制定的标准进行有效优化，从而更好地促进电子通信行业的技术创新与产业化发展。

制定合理的优才计划。就我国目前的发展状况而言，各行各业都缺乏对核心技术人才的有效储备。所以在电子通信行业发展过程中，相关企业、部门需要对相应的优才计划进行有效制定，以对高素质的专业技术人才进行吸引。而对于企业内部现有的工作人员，也需要制定具备高效性、针对性的培养计划，以对其进行有效引导，使企业内部工作人员能够自主地进行学习，不断提升自身能力，从而得到有效的自我完善。这样就可以为电子通信行业的健康发展构建一个具备较强灵活性、流动性的循环体系，使行业整体的专业技术水平得到显著提升，从而更好地促进电子通信行业技术创新与产业化发展的顺利开展。

随着我国电子通信行业的快速发展，其中所存在的问题也越来越突出，并对行业的健康、持续发展造成了严重阻碍。所以在电子通信行业发展过程中，需要对政府部门的大力支持进行有效获取，而行业内部需要进行更为密切的联系，对科学、完善、有效的行业标准进行统一制定，对企业内部的相关制度进行有效制定，以吸引、留住高素质的专业技术人才，从而对核心技术进行有效创新与突破，以促进电子通信行业技术创新与产业化发展的顺利进行，使我国电子通信行业得到真正的快速发展。

第四节　电子通信设备的可靠性研究

近几年来，随着我国科学技术水平的不断提升，电子通信设备更新速率逐渐加快，有关电子通信设备可靠性的问题得到了各个领域的高度重视。文章首先对通信设备的基本含义进行概述，从环境因素、自身因素、技术因素、设计因素等多个方面入手，对影响电子通信设备可靠性的因素进行解析，并结合电子通信设备可靠性的标准，提出提升电子通信设备可靠性的优化对策。

针对电子通信设备来说，可靠性是非常必要的。通过对电子通信设备可靠性探究得知，影响电子通信设备可靠性的因素种类繁多，我们需要给予电子通信设备可靠性给电子通讯领域带来的影响充分重视，在确保其应用安全平稳的同时，还能推动我国通讯事业的稳定发展。下面，本节将进一步对影响电子通信设备可靠性的因素及对策进行阐述和分析。

一、通信设备的基本概述

通信设备应为简称为 ICD，全称 Industrial Communication Device。主要应用在工控环境中的有线通讯或者无线通信设备。其中，有线通信设备自身功能在于可以将工业领域中的串口通信问题进行处理，包含在专业总线型通讯范畴内。在工业领域中，往往采用以太网通讯或者各项通信设施实现信息转换，其中包含了路由器、交换器、modem 等。而无线通信设备主要分为军事通讯与民事通讯两种类型，当前我国大规模通讯运营商主要有三家，第一个是移动通讯；第二个是联通通讯；第三个电信通讯。

现阶段，我国广泛应用的通信设备主要以有线通信设备为主，这是因为其具备抗干扰能力强、稳定性大、传递效率高以及宽带无限大等优势。但是，有线通讯受到环境因素影响比较高，扩展性水平不强，施工难度比较高，施工成本投放较大。

二、电子通信设备可靠性的标准

可靠度。所谓的电子通信设备可靠度主要指，电子通信设备在约限时间内或者某种环境下，实现的规定功能概率情况。可靠度主要是对产品稳定性情况进行评估的核心标准，往往可靠性和可靠度之间有着一定关联性，当可靠度越大时，可靠性也就越强。

失效率。针对电子通信设备来说，失败率主要指电子通信设备在应用一定时间之后，正常工作电子设备的数量以及失败情况之间的占比数值。和可靠度进行比较，存在较大差异，失败率和可靠性之间呈现出反比状态。要想提升电子设备的可靠性，就要减少失败率的出现。

故障率。电子通信设备中的故障率主要指，在电子通信设备应用过程中，既定时间之内以及特定环境下，丧失规定功能的概率。

产品的故障率同。和失败率存在一定相似之处，和可靠性呈现对立状况，当故障率比较大时，可靠性也就相对减少。故障率则是在产品生产和研发环节中，应该充分注重的核心要素。如果故障率比较大，不但会影响产品可靠性，同时还会给产品整体形象带来影响。因此，相关部门应该给予高度注重，将产品故障率把控在适当范畴内。

平均寿命。电子通信设备的平均寿命主要指，电气通信设备在出现问题之前的平均应用周期。电子通信设备平均寿命越长时，则预示着其可靠性越大，因此，要想确保产品整体可靠性，就要提升生产水平，延长电子通信设备应用期限。

平均修复度。电子通信设备修复值主要指，在电子通信设备出现问题时，在处理问题过程中消耗的时间。电子通信设备平均修复度和可靠性呈现出正比关系，当平均修复时间比较短时，平均修复率也就越大，可靠性也就相对较高。

三、影响电子通信设备可靠性的因素

环境因素。烦琐多变的外部环境将会给电子通信设备可靠性带来直接影响。由于环境包含在生产环节中不可控因素范畴内，当温度升高或者降低，或者空气湿度改变时，都会给电

子通信设备的可靠性带来直接影响。此外，在自然天气状况下，电磁干扰环境或者机械化环境，也会给电子通信设备可靠性造成不利影响。由于环境自身存在烦琐性和多样化等特性，在生产环节中，应该给予高度注重，一旦造成环境因素影响，必将会引发电子通信设备可靠性问题。

自身因素。自身因素也就是零部件质量问题，一旦出现质量问题，必将影响电子通信设备可靠性。通常情况下，当零部件质量不满足相关标准时，电子通信设备可靠性将会逐渐减少；当零部件质量满足相关标准时，电子通信设备可靠性将会提升。针对电子通信设备而言，因为其由注重零部件构建而成，尤其是元器件，作为核心构件，给电子通信设备可靠性带来的影响相对较大。当元器件质量无法得到保障时，将不能对电子通信设备运行情况进行科学把控，导致电子通信设备可靠性不断减少。由此可见，要想提升电子通信设备可靠性，除了要确保产品可靠性之外，还要保证零部件质量。在进行产品生产时，确保零部件质量和产品质量才是核心任务。

技术因素。与国际水平进行比较，我国电子通信设备不管是在生产技术方面，还是在生产标准方面，都与其存在一定差异，这就导致我国整体行业生产水平相对不高，而这些现象的出现，必将会影响电子通信设备可靠性。在进行产品生产时，生产技术和生产标准极为必要，技术作为产品生产的基本依据，标准则可以给产品生产工作开展提供引导。我们应该明确电子通信设备中生产技术混合生产标准之间的关系，保证生产技术的合理性，科学设定生产标准，在给电子通信设备生产开展提供条件同时，实现电子通信设备生产水平的提升，进一步促进电子通信设备可靠性的增强。

设计因素。在进行电子通信设备设计的过程中，应该保证设计的合理性和规范性，只有设定完善的设计方案，才能对电子通信设备可靠性起到保证效果。通常来说，电子通信设备设计应该要做好简化、冗余。其中，电子通信设备设计简化则指，简化电子通信设备中各项构件数量和应用标准。由于电子通信设备构件数量，通常和电子通信设备可靠性之间呈现出对立状态。如果电子通信设备构件数量较为精简，则说明电子通信设备可靠性相对较大。反之，电子通信设备构件数量较为繁杂，将会造成电子通信设备可靠性的减少。在此环节中需要注意，电子通信设备简化设计并非为一味地简化，而是应该秉持相关标准。电子通信设备设计应该注重冗余设计，通过冗余设计，能够将电子通信设备出现的各种故障及时处理。由于冗余设计要求添加一定的构件，因此和简化设计本质之间存在偏差。对此，在此过程中，应该科学调配和处理冗余设计和简化设计之间的关系，将两者控制在合理范畴内。在保证电子通信设备设计规范合理的同时，提升电子通信设备的可靠性。

四、提升电子通信设备可靠性的优化对策

改善电子通信设备的生产环境。从当前情况来说，我国电子通讯产品生产水平还没有满足国际化要求，这和我国大部分电子通讯生产厂家自身情况有着直接的关联，为了提升电子通信设备的可靠性，就要从优化生产环境的角度入手。由于生产环境作为优化电子通信设备的核心要素，结合当前我国电子通信设备生产环境，只有全面提升生产技术，优化生产环境，才能保证电子通信设备整体质量，实现电子通信设备可靠性的提升。

优化电子设备机械环境。不管是对于电子通信设备设计环节来说，还是针对电子通信设备后续应用而言，都会面临诸多影响因素，使得电子通信设备在应用时出现诸多问题，影响其应用效果。并且，电子通信设备往往存在诸多型号，并且每个型号的电子通信设备构建成分存在差异，在此环节中，将会面临一定的烦琐性。为了提升电子通信设备的可靠性，就要迎合电子通信设备可靠性要求，只有确保设备基本构件整体功能和质量，才能让电子通信设备在一个较为平稳和安全的环境中运行。所以，应该给予电子通信设备构件充分重视，从而保障电子通信设备的可靠性。

加强电子通信设备电磁兼容设计。众所周知，电子通信设备往往是在科学技术快速发展的环境下形成的，电子通信设备作为涉及了诸多学科和内容而得出的产物，在电子通信设备应用环节中，各个电子元部件之间将会由于电路板运行产生的静电受到影响。当出现电磁时，不但会给电子通信设备应用效果带来影响，同时还会缩短电子通信设备应用周期。为了将该现象进行处理，降低电磁给电子通信设备带来的影响，提升电子通信设备可靠性。在进行设计的过程中，可以从两个方面入手。首先，科学设定接地装置，外界电磁给电子通信设备带来的影响较为严峻，对此，通过应用接地装置能够降低外界电磁环境的影响。在具体执行时，需要结合具体情况，采用多元化的链接方式。其次，适当地降低电子通信设备应用数量，实现精益求精，以此迎合实际应用需求。由于设备数量作为影响电磁的主要因素，在应用过程中，需要保证电子通信设备处于理想运作状态，这样不但能够降低电磁给电子通信设备带来的影响，同时还能提升电子通信设备的可靠性。电子通信设备在应用时，可以采用对不常用或者不应用的电子通信设备进行简单控制，以此达到增强电子通信设备可靠性的目的。

总而言之，要想给人们提供良好的电子通信设备应用环境，将电子通信设备自身功能充分发挥，提升电子通信设备可靠性是非常必要的。从目前情况来说，影响电子通信设备的因素数量繁多，其中包含了环境因素、自身因素、设计因素等，为了降低给电子通信设备可靠性带来的影响，保证电子通信设备的可靠性，就要结合具体情况，合理选择对应的控制方式，加强电子通信设备干扰防范，降低各项因素对电子通信设备可靠性的影响，在保证电子通信设备可靠性的同时，推动我国通讯事业的稳定发展。

第五节　电子通信行业技术创新及产业化

随着新时代的到来，电子通信行业得到了快速发展，其技术在多个领域中得到了广泛应用，所以电子通信技术的创新与产业化发展受到了人们的广泛关注。本节对电子通信行业技术创新与产业化的意义进行阐述，并对其中存在的相应问题进行分析，然后对相关的解决策略进行探讨，以有效促进电子通信行业的健康、良好发展。

电子通信行业属于技术密集型产业，技术创新对其发展状况有着关键的决定作用，只有对技术进行有效创新，才能够使产业得到有效发展。而怎样对技术进行有效创新已经成为电子通信行业重点关注的问题。为了适应时代潮流，在国际市场中拥有相应地位，使自身的综合实力得到不断提升，电子通信行业就需要对技术进行创新，实现良好的产业化发展。

一、技术创新与产业化的意义

随着新时代的快速发展，电子通信技术得到了快速发展，而电子通信行业的技术创新不仅可以有效提升人们的生产、生活质量，促进创新思维的有效生成，还可以提升通信行业的服务水平，提高消费者的满意度。同时电子通信行业的技术创新与产业化发展会对人们的日常生活与工作带来重大改变，人们能够突破空间与时间的限制，开展远程的互动交流，使人与人之间交流更加频繁，关系更加亲近，并且还可以对各种资源进行充分利用，降低能源消耗，实现对资源的有效共享，进而增强电子通讯的运用效率。此外，电子通信技术创新还可以为社会发展以及军事发展等方面创造有利条件，促进我国综合国力的提升。目前我国电子通信技术在创新方面得到了良好成效，但是在实际发展过程中还存在相应问题。所以在电子通信行业的技术创新与产业化过程中，需要利用合理措施解决相应问题，以促进创新思维的有效生成，确保电子通信行业的良好发展。

二、问题分析

电子通信行业的技术发展对我国社会发展有着十分重要的作用，但是目前我国电子通信行业在技术创新方面还存在着相应问题。第一，区域发展参差不齐，整体的创新能力不足。虽然我国电子通信技术行业已经成为促进我国经济发展的支柱产业，并且具备一定的国际竞争力，部分企业的高技术产品开始与世界接轨，但是大部分产业还是停留在模仿状态，得不到有效发展，致使我国整体的创新能力严重不足。同时由于区域发展的不平衡以及强烈差异，也对电子通信行业的技术创新与产业化发展造成了严重影响；第二，我国缺乏专业的技术创新人才，致使技术研发、软件开发面缺乏较强实力，这已经成为我国电子通信行业发展中的薄弱环节。同时虽然我国对电子通信行业的技术创新与产业化发展越来越重视，并且在研发领域的资金投入不断提升，但是目前的发展速度依然无法与国际市场进行良好接轨。而研发资金投入的不足严重影响着技术的有效创新，降低了新技术研发的成功概率，严重影响着我国电子通信行业的技术创新与产业化发展；第三，与发达国家相比而言，我国电子通信技术以及相关的硬件设备都较为落后，由于基础差、起步晚，对核心技术的掌握程度低，从而导致我国电子通信技术得不到良好发展，行业的综合实力得不到有效提升，十分不利于电子通信行业的可持续发展；第四，整个电子通信行业缺乏较强的产业链竞争力，严重阻碍了电子通信技术的有效创新与产业化发展。

三、解决策略

政府支持。由我国国情来看，不论任何产业与技术的发展都离不开政府的有力支持，所以政府支持对电子通信行业的发展而言有着十分重要的作用。政府支持主要包括：第一，政策支持；第二，资金支持。因此，对电子通信行业关键的技术创新而言，需要政府给予充足的资金支持，并制定良好的支持政策，这样不仅可以对相关部门进行良好协调，以更好地开展研发工作，还可以对政府的引导、协调、监督作用进行充分发挥，使电子通信行业的技术创新与产业化发展得到确切保障。

保护知识产权。在电子通信行业发展过程中，想促进相关技术的有效创新就需要对技术的知识产权进行保护，从而为电子通信行业的技术创新与产业化发展提供确切保障。对知识产权的保护对策进行有效落实，不仅可以确保对电子通信技术的良好应用，还可以在应用过程中对其进行有效创新与提升，以促进电子通信行业的良好发展。

构建良好的合作关系。电子通信行业的良好发展是由多个部门联合协作共同促进的，所以相关单位需要构建良好的合作关系。目前我国电子通信行业具备很快的发展速度，却更加突出了其研发成果转化慢的问题，十分不利于行业整体、全面的发展，并且使技术创新很难得到有效突破。因此，在电子通信行业的技术创新与产业化发展过程中，应注重各个部门的良好合作，对理论知识进行有效转化，以促进电子通信行业的健康持续发展。

注重对核心技术的有效创新。技术创新是促进电子通信行业良好发展的动力，创新元素是促进行业发展的重要推动力。所以需要在做好基础性技术工作的同时，对创新性工作进行有效扶持。技术创新一方面指的是在设备基础上的创新，另一方面指的是在软件开发基础上的创新。这是促进电子通信行业有效发展的两大基柱，对增强企业的综合实力、市场竞争力、创新性等方面有着十分重要的作用。

构建统一的技术标准。在行业发展过程中，其自身具备的技术标准对其发展程度有着决定性作用，所以需要在电子通信行业中有效构建统一的技术标准，这样可以使行业发展更具规范性，使生产、研发工作更加顺利地进行。此时就需要对政府的带动作用进行充分发挥，对相关的企业、机构、运营商等进行组织，以对相应的行业标准进行统一制定。同时为了能够避免对成本投入的浪费，可以以实际情况为基础，对已经制定的标准进行有效优化，从而更好地促进电子通信行业的技术创新与产业化发展。

制定合理的优才计划。就我国目前的发展状况而言，各行各业都缺乏对核心技术人才的有效储备。所以在电子通信行业发展过程中，相关企业、部门需要对相应的优才计划进行有效制定，以对高素质的专业技术人才进行吸引。而对于企业内部现有的工作人员，也需要制定具备高效性、针对性的培养计划，以对其进行有效引导，使企业内部工作人员能够自主地进行学习，不断提升自身能力，从而得到有效的自我完善。这样就可以为电子通信行业的健康发展构建一个具备较强灵活性、流动性的循环体系，使行业整体的专业技术水平得到显著提升，从而更好地促进电子通信行业技术创新与产业化发展的顺利开展。

随着我国电子通信行业的快速发展，其中所存在的问题也越来越突出，并对行业的健康、持续发展造成了严重阻碍。所以在电子通信行业发展过程中，需要对政府部门的大力支持进行有效获取，而行业内部需要进行更为密切的联系，对科学、完善、有效的行业标准进行统一制定，对企业内部的相关制度进行有效制定，以吸引、留住高素质的专业技术人才，从而对核心技术进行有效创新与突破，以促进电子通信行业技术创新与产业化发展的顺利进行，使我国电子通信行业得到真正的快速发展。

第六节 电子通信产品 ESD 防护及具体方法

经常释放静电现象是现代电子通信产品普遍具有的一个共性，即 ESD。由于受到这种静电现象的影响，电子通讯产品的运行很容易出现不稳定的情况，严重的话，还会造成通讯产品的损坏。因此，设计人员在进行电子通讯产品的设计的过程中，需要加强对 ESD 防护设计的重视，从而有效保证电子通信设备的正常运行。现本节就电子通信产品 ESD 防护及具体方法进行探究，仅供交流借鉴。

一、ESD 对电子通信产品造成的危害

元器件损坏。当电子通讯产品的内部元件受到因摩擦释放静电而产生电流的干扰，那么电子产品内部的元件机会接受错误的信息数据，从而对电子通信产品内部元件的正常运行造成严重的影响。通常情况下，电子通信产品会出现黑屏和司机的问题，影响用户对电子通信设备的正常使用。具体来说，在静电得到释放之后，会产生较大的电流，那么其周期的磁场就会发生很大的变化，那么就会降低电子产品的运行效率和质量，促使电子通信产品出现无法正常使用的情况。但是在这种情况发生以后，电子元器件的损坏程度不是很容易被检测出来，不仅会影响到电子通讯产品的性能质量，还会使通讯企业造成较大的社会经济损失。

信息发生错误。ESD 出现的时候，大量的静电电流会产生，尽管其的干扰范围很小，但是在日常生活中其的存在范围比较广泛。特别是现代社会的通信技术产业的发展较为迅猛，几乎每个人都具备通信设备，有的人具备不止一件电子通信设备，这样的话，静电释放的大范围也会逐渐扩大，从而对电子通讯产品的正常使用造成影响。通过多次试验检测能够了解到 ESD 是一种脉冲干扰，当静电释放对周围电子产品造成影响时，其内部系统就会出现错误的信息，致使内部系统瘫痪。

静电可吸附微粒物。在生活中，我们在梳头发的时候经常会释放静电，使得梳子将头发吸附起来，这是最为常见的一种摩擦产生静电的现象。当空气中微粒物被静电电荷吸附时，电子产品内部将受到污染，降低了电子产品运行效率，如果长时间出现这种状况，就会造成电子产品内部器件发生故障。

二、电子通信产品 ESD 防护设计中需注意的事项

确定防护等级。ESD 防护设计应遵循相应的等级原则，这是做好防护工作的基础。一般情况下 ESD 防护方案执行等级分为基础防护和全面防护。基础防护是对有传导性的工作面进行接地处理，可以采用聚乙烯进行保护包装。全面防护是对产品从设计、生产、包装以及运行过程进行有效的防护，确保防护设计满足防护效果。防护等级应根据相关规定设置。

管理控制 ESD 问题。在进行电子产品设计之前，就应该考虑 ESD 防护设计，避免 ESD 问题对后期的开发使用造成影响，起到降低研发周期和成本的作用。在确定电子产品设计之后，

要对 ESD 防护进行重新考虑，避免产品设计过程中以及设计完成后没有做好相应的防护措施，带来一定的经济损失。尽量避免生产阶段出现变更设计，不然会影响 ESD 的防护效果。

三、设计方法

确定防护等级。在设计电子通信产品 ESD 防护的过程中，需要对各方面的影响因素进行综合考虑，有利于防护过程中漏洞出现的避免，需要使用抗 ESD 的设计方式进行电子通信产品系统内部每一部件的设计，从而保证电子通信产品具有较高的 ESD 防护水平，有利于保证电子通讯产品的高效运行。随着生活水平的逐渐提高，人们对电子通讯产品的性能质量要求也不断地提高，所以为了有效地避免 ESD 静电释放现象对电子通讯产品的影响，设计人员在设计防护措施的过程中，首先需要确定有效的防护等级，当所有的防护操作步骤完成之后，还需要严格的检测防护效果，这样有利于保障防护效果，减少对电子通讯产品质量性能的影响。

有效地获取数据。采取有效的措施提高电子通信产品内部系统装置的可靠性和稳定性，有利于电子产品有效的获取信息数据。HBM 分类数据与 ESD 的防护对策之间的联系较为密切，主要是因为只有在 HBM 测试过程中，这些装置才能进行分类，但是对 ESD 静电释放对电子通讯产品质量性能的影响考虑的不是很充分，从而影响到电子通讯产品的正常运行的。因此在设计电子通信产品 ESD 防护措施过程中需要采用爱新的测试方式和数据分析方式，只有这样，电子通信产品在获取信息数据的过程中才不会受到 ESD 静电释放现象的影响，有利于保证电子通信产品获取更多精准和有效的信息数据，维护通讯企业获取更多的社会经济效益。

要做好 ESD 防护方案，就必须对易发生 ESD 的部位进行有效的管理和控制，要指派专门的防护管理员对整个防护方案进行审核和验收，保证防护方案的可行性与可靠性。

设计人员在设计 ESD 防护措施的过程中，可以设置有效的监控装置进行电子通讯产品的实时监控，这样一来，电子通信产品系统内部部件的稳定性就能够有保证。接地线的完整性、电子通讯产品的生产包装过程和工作面的接地情况是监控装置主要的监督和管理的内容，有利于保证接地腕带的有效佩带。如果电离设备在工作过程中需要使用，在使用之前需要进行严格的检查，有利于设备故障出现的避免，降低对正常工作的影响。与此同时，大量的离子在设备运行过程中会出现，如果这些离子的平衡状态没有得到很好地满足，那么一种特殊的静电流会形成，会地 ESD 防护效果造成不利的影响，从而影响到电子他通讯产品的稳定和高效运行。

总而言之，ESD 静电释放现象对电子通信产品具有较大的影响，其涉及的领域也比较广泛，电子通信产品在设计 ESD 防护的过程中也会涉及较多的方面，对 ESD 静电释放现象的影响得不到有效地避免。所以在防护的实际设计过程中，防护的等级需要提高，设计全面和有效的防护措施进行电子通讯产品的 ESD 防护；并与电子通讯产品的内部系统的实际情况相机，制定完善的 ESD 防护设计方案，从而使 ESD 防护控制效果得到有效的提升，保证电子通讯产品的高效运行。

第七节 研究电子通信技术工程化应用模式

近年来，随着科技不断发展，电子通信技术也取得较快的发展，其中在电子通信技术发生过程中，科学、合理、高效地应用工程化，有可能会成为电子通信技术之后的发展方向。同时与现代化的通信技术手段、特点相结合，可以促进电子数据信息的传输、处理、交换、检测以及显示等全面发展，为公众带来一个更加方便、安全、稳定的电子信息技术交流环境，最终将公众的生活变得更加智能化。鉴于此，本节主要从电子通信技术发展及工程化的概述，分析工程化应用的特点、技术应用以及方法，深入研究电子通信技术工程化应用模式以及未来的发展趋势。

通信技术特点与通信技术，是当前电子通信技术的工程应用方式的根本，充分结合现代通信技术，取得较快的发展。而且电子通信技术的特点与通信技术的有效应用，是不断推动通信技术的工程应用的主要方法，所以在很大程度上，能够不断地完善与健全通信技术的工程化的有效应用。

一、通信技术发展及电子通信技术工程化相关概述

当前，随着经济不断发展，电子科技也得到较好的发展，且现代化的电子通讯完全取代了以往的飞鸽传书、书信等通信方式，可以有效地保障信息资料传输的完成与安全，同时还可保留信息原来的风貌，利用声音、图像、视频等信息传输方式，使得信息在传播过程中，变得更加方便、高效及快速。

现代化的电子通信技术主要从 18 世纪开始发展起来，随着社会不断发展，在发展过程中渐渐出现较多的模型电子通信设备、雷达以及微波通讯。之后人们不断研究分析，在 20 世纪中期，多媒体技术得到较快发展，这就使得电子通讯慢慢实现智能化、数字化应用，然后慢慢发展成当前的电子通信网络，形成电子通信技术工程化，对人们的生活、生产以及社会可持续发展等产生很大影响。

二、分析电子通信技术工程化运用

特点。随着计算机技术的不断发展，电子通信技术工程化的特点也渐渐显现出来，主要包括：①电子通信技术工程化能大大提升信息传输速度、增强传输过程的稳定性、安全性，使得信息传播及应用变得规范、可靠；②和以往的通讯模式相比，通信技术工程化具有更大的兼容性，各区域网络间的联系变得十分顺畅、紧密，保证了信息传输的安全。例如，现代 4G 移动通信技术的有效应用，已经完全实现全世界漫游，通信网络覆盖区域越来越广，且网络接口全面面向公众开放，各用户能够实现随时、随地实行数据信息的传输以及交互等，完全没有受到地点、时间点限制；③随着当代电子通信技术覆盖区域越来越广，安全、高效的通信网络覆盖性可以大大地提升数据信息传输效率及传输速度，充分实现各种各样数据信息

的及时、快速以及大量的传输及应用，在网络信息的共享及应用的基础之上，充分发挥信息应用的价值，在很大程度上提升了工作的工作效率及生活水平；④现代电子通信技术工程化的有效应用，使得公众的生活变得更加智能化、数字化，有可能会实现。例如，人们不管身在何处，可以随时查看家里的情况，并经数据信息传输，有效地监控通信网络所连接的家用电器、家用设备，如远程的遥控开关可以有效地控制加用空调。总而言之，随着电子通信技术不断发生及有效应用，使得公众的工作、生活变得更加方便、快捷。

技术运用及方法研究。电子信息技术工程化的有效应用，为公众带来较多便利，主要表现在以下方便：①人们可以没有任何障碍地应用、传输以及获取自己所需的数据信息，并且在任何时间、任何地方，仅仅需进行一个简答操作，就能连接通信网络，较好地实现信息分享、传递以及收集等；②人们对于通信工程内的任何一项服务，都能实现自由、随意地选用，大大地满足人们对于数据信息的应用、传递需求。例如，大部分上班族能够把工作直接带回家完成，也能在忙碌的时做家务，如远程控制将热水器打开，远程控制空调、电视等，这就使得人们的生活环境变得越来越智能化、自动化及数字化。而且，随着通信技术工程的有效应用，以往办公要必须要在办公室才可完成。但是当前可以直接利用通信网络来查阅、收集以及传输各种类型的工作文件，充分实现移动办公，且电子信息技术工程化的应用模式可以支持各种形式的业务应用。③大大改善了各通信网络的工程体系的兼容性，用户能在不同通信网络、不同体系间进行信息传输、共享及应用业务，从而有效地提升地各项任务完成的准确性及效率。例如，在物联网的业务不断发展的环境下，很多人不出门就能实时查看到所关注物品的具体位置及状态。而且电子信息技术的工程化所涵盖的技术工艺较为丰富，工程化应用模式也十分新颖、灵活，应用的方式各种各样。如，信息呼叫的干扰技术，它属于一种能够较好地降低信息在传递时互相干扰，在一定程度上有效地提升了通信水平及质量，保证了数据信息在传递过程中的安全性、准确性及完整性。

例如，当前新型的一种通信技术，重构性的自愈网络技术，主要指通信网络在应用过程中，可以较好地实现网络的自我调整以及自我恢复，经过自动排除、检修电子通信网络出现的故障，确保电子信息传输的稳定、安全。综上所示，各种各样的电子信息技术的统一、综合应用，主要的目的是保证电子信息在传输过程中的传输速度、传输容量以及传输质量，进而降低数据信息的传输成本，保证数据信息传输的高效性、适用性以及安全性。

三、论电子通信技术工程化应用模式及未来展望

在信息技术飞速发展的今天，电子信息技术的工程化的有效应用，最主要的目的是有效地实现电子数据信息的交换、检测、传输、处理以及显示等，并使得信息传输过程变得最优化。目前电子通信技术工程化的应用模式尽管很丰富，且应用方式较多，但也存在或多或少的问题，电子信息网络在不断发展的过程中，造成个人、社会以及国家对通信网络的依赖性越来越强，且在整个电子通信网络环境当中，任何一个通信环节发生问题，都会影响整个电子信息的传输，而安全、高效、健康的电子通信网络也渐渐发展成全球都关注的一个重要话题。例如，电子

信息传输过程中，若出现信息安全问题，而随着通信技术水平不断提升，没有严格惩治个别人或是集体对数据信息的窥探以及占有欲望，很多黑客手段变得越来越高明。因此，解决好数据信息在传输过程中的安全性及有效性非常值得关注。

此外，在之后的电子通信技术工程化应用模式发展过程中，电子通信网络和人类社会之间的关系将会变化越来越紧密，这就要求电子信息技术的工程化应用模式应借鉴及参考成功经验，不断健全与完善通信企业的通信系统。同时，电子通信技术设计人员应勇于创新，多从新颖、独特的角度来综合考虑以后电子信息网络发展方向，从而优化各种各样通信技术的应用效果，以提升电子通信网络系统运行的安全性及稳定性，保障信息通信质量及通讯效率运行使各种技术的综合应用效果更加优化，提高网络系统的稳定性、安全性，确保电子信息通信的质量和效率，从而满足人们对电子信息的需求。

总而言之，随着电子通信技术工程化应用模式不断创新，在很大程度上促进了社会的健康、稳定发展，且在科技不断发展的今天，通信技术应用变得更加成熟，应用方式、应用模式变得更加的安全、使用、可靠，能够较好地人类社会发展对通信的需求，大大地提升了人们的工作效率及生活水平。但是不管电子通信技术工程化应用模式的发展趋势如何，最主要的目标是为人类提供给更加方便、快捷、优质的通讯服务，进一步促进人类社会快速发展及进步。

第五章 电子通讯设计

第一节 电子通讯产品结构设计

随着我国现代化科学技术的发展,现代电子通讯产品的技术水平不断提升,发展十分迅猛。因其自身的智能化、集成化,技术先进、功能强大,更新快、品种多等特点被广泛应用于各个领域。电子通信产品作为我国通信技术的成型体现,在国民经济发展过程中起到了十分重要的作用。本节先是对现代电子通讯产品的发展现状进行了概述,然后对现代电子通讯产品结构设计中遇到的问题进行了分析探究,最后针对现代电子通信产品出现的问题给出了相应的解决方案,为现代电子通信产品未来的发展提供有意义的研究。

随着我国市场经济体制的确立,经济全球化的表现愈加明显,市场竞争日渐激烈。我国正处于网络电子科技飞速发展,知识系统大爆炸的时代,电子通信技术的发展已经渗入到社会经济中各个领域,为信息的快速传播作了很好的载体,成为信息传播的主要媒介,在现代通讯传输技术中有着举足轻重的地位。

一、电子通信产品现代的发展现状

现代电子通信产品现已成为一种最主要的信息传输手段,已经得到各个国家的认可,我国在现代电子通信产品方面投入的大量资金、技术和政策支持,其未来发展前景不可估量。现今我国互联网信息技术的飞速发展,为现代电子通讯产品的崛起与发展铺平道路。现代电子通信产品以其日渐成熟的技术为信息的扩容网络 IP 的发展带来巨大的推动作用。现代高校面向通信技术行业普遍开设了相关通讯专业,意在培养能从事电子通信系统和设备的应用、维护、管理和营销等方面工作的莘莘学子,为我国通信技术领域的发展培养德、智、体、美全面发展复合型人才。

随着宽带业务的迅猛发展,5G 移动通信网络的试点项目已经启动,急需现代电子通信技术作为支持,以谋求全国范围内的广泛应用,迎接全球 5G 时代的到来。而二十一世纪的电子通信产品必将迎来一个飞速发展的新高潮,向着高速率、大容量、高性能、价格比合理的方向发展。

二、现代电子通讯产品结构设计中遇到的问题

现代电子通讯产品结构设计理念滞后。以前的卡带,随身听和 MD、CD,日本的索尼松

下夏普爱华，这类的电子产品外形都很漂亮而且科技感十足，做工十分讲究。但这些产品的结构设计通常较为复杂，零件非标准化以及非模组化，以致零件无法共用，重复开发，且产品结构可靠性方面通常为过量设计，超使用规格的性能要求以及使用多余的零件，这都造成自然资源的浪费。

现代电子通信产品散热能力差。华为总裁任正非先生曾谈到，未来硬件工程、电子工艺最大的问题就是散热，卓越的热管理技术将成为未来电子产品领域的核心竞争力。由于现在市面上大多数的电子通讯产品的封闭性都比较严密，再加上人们对电子产品的依赖性较大，使用时间长，会积累大量的热能导致电子通讯产品的机体发热，影响产品的使用效果和使用寿命，一定程度上也会给民众的生命安全带来威胁。

针对老年人电子通讯产品的功能结构设计需要简化。我们正处于一个方便快捷、智能化、科技化的时代，生活的方方面面都充斥着计算机互联网的踪影，然而大多数的电子通信产品多针对青少年客户群体，在产品设计生产时并没有考虑到老年人这个特殊群体，所以他们在使用电子通信产品时多少都会面临一些困难，许多功能对他们来说太复杂。面对目前这种情况，在针对老年人电子通讯产品的基础功能设计时要考虑到老人的实际应用能力，简化一些功能的复杂性，以便捷、简单、智能为主，提高老年人的科技生活水平，让他们感受到高新科技带来的新奇和新鲜感。

三、针对现代电子通信产品遇到的问题给出的具体措施

现代电子通讯产品的结构设计理念需要创新。现代电子通信产品在日常生活中得到了十分广泛的应用，其强大的信息传播速率和方便快捷的智能化功能很好地适应了现代化社会的快速发展，信息的传输和普及提供了强大的后台和可靠的支撑。但是电子通讯产品的结构设计理念要在原有的基础上引入工业设计以及绿色环保设计理念，结合电子通讯产品的质量、功能、美观程度、绿色环保等多种元素，以人为本，以减少环境污染，减小能源消耗，充分利用资源，实现产品和零部件的回收再生利用为目标，简化产品结构，尽量减少零件数量，零件标准化，设计模组化。在产品开发前期做好调研工作，以客户需求为导向，善于观察和分析，实现设计创新，确保产品的专业性和创意性。

提高现代电子通信产品散热能力。要提高现代电子通信产品散热能力，在产品结构设计时注重新技术和新材料应用。在电子通信产品材料的选择上要尽量选择隔热性能比较好的材料。其次在具体的结构设计中可以加入机体的通风口设计，加大机身的散热能力。最后民众也要加强对电子通讯产品的安全防患意识，适时恰当地使用电子通信产品，保证自身的安全。

简化老年电子通讯产品的功能结构设计。现在老年人消费群体多是从六七十年代那样的苦日子一步步过来的，他们身上有很多中国传统文化的缩影，他们崇尚生活简朴，保守消费，对现代电子通信产品更加倾向于耐用这方面，保持产品的简约、大方、实用的设计理念是十分必要的。现在市场对老年人电子通讯的产品设计还处在空白阶段，现在的企业要看到这个市场机遇，面向老年特殊客户群体开发属于老年人自己的个性化的电子通信产品，缩小老年

人与年轻人之间的新技术应用的鸿沟，增加企业的利润效益和社会效益，国家也应加大对这方面的扶持力度，倡导关爱老年人，关心他们对现代社会的适应能力，引导整个社会朝着现代化的目标努力，实现中国特色社会主义的中国梦。

通过对现代电子通信产品在结构设计的研究，了解到电子通信产品在我国各个行业都发挥了重要作用，推动了我国信息化建设和社会经济的进一步发展。所以国家应顺应时代潮流，加大对现代电子通讯产品结构设计的研发，造福国民。

第二节　电子通讯产品的 ESD 防护设计

本节首先分析了 ESD 的特点、类型及其对电子通讯产品的危害，并在此基础上对电子通讯产品的 ESD 防护设计方法进行论述。期望通过本节的研究能够对提高电子通讯产品的运行可靠性有所帮助。

一、ESD 的特点、类型及其对电子通讯产品的危害分析

ESD 的特点。所谓的 ESD 是静电放电的简称，具体是指带有不同静电电位的物体在互相靠近时或是直接接触时引起的电荷转移现象。对于电子设备而言，ESD 是一种不可避免的现象，其最为显著的特点是电位高、电场强、瞬时电流大，同时，ESD 还会产生出十分强烈的电磁辐射，进而形成 EMP（电磁脉冲）。

ESD 的分类。大体上可将 ESD 分为以下几种类型：电晕放电、火花放电以及刷形放电。

（1）电晕放电。这是一种小电流、高电位、空气被局部电离的放电过程。

（2）火花放电。其属于一种瞬时变化的过程，当放电现象出现时，两个放电物体之间的空气会被击穿，从而形成一条火花通道，此时静电能量会在瞬时集中释放。

（3）刷形放电。这种放电现象一般多发生在导体与绝缘体之间，放电通道会呈现出分散的树杈形状。

ESD 对电子通讯产品的危害分析。静电属于一种有害的电能，虽然它本身的电流较小并不会对人体造成危害，但是，对于一些电子通讯类产品而言，静电的危害却是相当之大。ESD 对电子通讯产品的危害大体上可归纳为有以下几个方面：其一，会导致器件失效。如果带电的物体经由器件形成一个放电通路或是带电器件本身便存在放电通路时，便会产生出静电放电现象，由此会导致器件失效。主要表现为短路、开路和电参数漂移，容易加快器件性能的劣化速度，会引起器件轻微损伤，若是处理不及时，最终会完全失效。其二，造成信息异常或引起逻辑电路误动作。相关试验结果表明，ESD 归属于脉冲干扰的范畴，静电放电时会在电子通信产品内部形成干扰脉冲，幅值约为几十伏，其不但会引起信息异常，而且还会造成逻辑电路翻转，通信产品也会随之出现故障。其三，在电子通信设备的运行环境不可避免地会存在一些尘埃微粒，高压静电会对其产生吸附作用，当尘埃微粒大量聚积后，容易使

印制电路板和半导体芯片受到污染，绝缘电阻也会随之下降，从而使其工作性能受到影响，严重时还可能造成器件故障。鉴于 ESD 对电子通信产品带来的上述危害，必须采取合理可行的防护措施，以此来确保产品的稳定、可靠运行、

二、电子通讯产品的 ESD 防护设计方法

为了有效防止 ESD 对电子通信产品带来的危害，可从以下几个方面着手采取安全防护设计措施：

印制电路板防护设计。PCB 是印制电路板的简称，它是电子通信产品中重要的组成部分之一，很容易受到 ESD 的影响，所以需要对其进行安全防护设计。具体方法如下：

（1）尽量缩短 PCB 上的引线长度，特别对于诸如复位信号线等敏感信号线，以及时钟信号线等 EMI 源信号线的引线而言，必须尽可能缩短。

（2）由于 PCB 上的回路对瞬态 ESD 电流产生的磁场非常敏感，所以必须尽可能缩小 PCB 上所有的回路面积，既包括电源与地之间的回路，也包括信号与地之间的回路。

（3）安装在 PCB 上具有金属外壳的元器件一定要进行可靠接地，如拨码开关、复位按钮、晶振等。

（4）在安全条件下，将双层板的电源线尽可能靠近地线，在两排引脚之间平等布置 +5V 走线和地线走线。此外，可以用地平面填满 PCB 上未使用的部分。

（5）做好静电屏蔽措施，对高频电路、干扰源、静电敏感电路采取局部屏蔽或整板屏蔽的做法。在进行静电屏蔽时，要确保接地良好，并用屏蔽效能 SE 对屏蔽效果进行度量。

（6）静电放电的过程中会形成干扰脉冲，这个脉冲通常为正弦波，其中含有非常丰富的高频分量。为了有效防止干扰脉冲对印制电路板的影响，可将滤波器安装在电源进线和信号进线的位置处，并用高频电容器对电源进行去耦。

金属部件防护设计。对电子通信产品中的金属部件可以采取以下方法进行 ESD 防护设计：

（1）绝缘隔离法。该方法主要是通过阻止 ESD 电流通过电路，来达到防护的效果。具体做法是在金属部件的外表面上涂复绝缘层，这样不但能够显著提高金属部件本身的绝缘强度，而且还能起到隔离内部电路的作用。

（2）接地泄放法。该方法具体是指在 ESD 电流流经的位置处提供一条泄放通路，避免电流对器件造成危害。通常情况下金属外壳上的静电干扰会经由信号芯线侵入到内部电路当中，而采取接地泄放后，可以使静电荷在极短的时间内快速泄放至静电容量较大的载体当中，这样便能够对这部分静电干扰起到有效的抑制作用。

机身防护设计。相关试验结果显示，电子通讯产品的抗静电干扰性能主要与产品的搭接情况有关，具体而言，产品机身的导电性能越好、搭接越好，静电的泄放速度就越快，由此产生的干扰也就越小。鉴于此，可采取如下方法对机身进行防护设计：

（1）在设计时，应当使机身与内部的电路保持一定的距离，也就是要将机身与内部电路有效隔离开。

（2）可在机身的暴露面上均匀涂复绝缘漆，需要注意的是，不可涂在搭接位置处。

（3）工作、保护以及机身接地均应当单独引线，并将之与接地桩进行可靠连接，射频组件的机身则可直接作为工作接地使用。

总而言之，在信息时代的背景下，电子通讯产品的应用领域越来越广泛，产品的性能是否可靠是使用者最为关心的问题之一。由于静电放电是一个不可避免的现象，为了确保电子通讯产品的稳定、可靠运行，就必须在产品设计的过程中采取行之有效的方法减轻 ESD 的影响。在未来一段时期，应当重点加大对电子通信产品 ESD 防护设计的研究力度，除了要对产品的整体结构进行优化之外，还要对产品内部的主要器件进行 ESD 防护设计，只有这样，才能对 ESD 起到有效的抑制，使产品的性能获得显著提升。

第三节　面向窄带的即时通讯软件设计

随着信息技术的快速发展，以及智能通讯终端的不断普及，即时通讯软件得到社会认可，并得到普遍推广。当前，即时通讯软件如腾讯 QQ、微信等，是基于公网大带宽网络，而面向窄带的即时通讯软件研究及应用不丰富。鉴于此，本节对面向窄带的即时通讯软件设计进行研究。构建了窄带网络模型，明确了特征参数，对即时通讯软件功能进行了梳理，对关键技术进行了阐述。本节工作丰富了即时通讯软件设计方法，具有一定的实践应用价值。

随着信息技术的快速发展，以及智能通讯终端的不断普及，即时通讯软件得到社会认可，并得到普遍推广。在无线宽带或有线宽带条件下，因网络带宽较大，通讯客户端一般无须考虑通信数据大小、传输速率、网络通信承载量、网络饱和度、端口吞吐量等。而在网络带宽较窄，或网络链路不够稳定的情况下，如何实现有效的即时通信功能成为研究课题。

鉴于此，本节对面向窄带的即时通讯软件设计进行研究。构建了窄带网络模型，明确了特征参数；对即时通讯软件功能模块进行了梳理，对关键技术进行了阐述。本节工作丰富了即时通讯软件设计方法，具有一定的实践应用价值。

一、窄带即时通信应用模型

面向用户的 Vsat 卫星通信网的特点是：一个用户网络包括通信管理站和通信子站，网络中的通信站点共享通信带宽，通信带宽一般在 2 兆至 10 兆之间。本节基于卫星通信网给出了窄带即时通信应用模型。在卫星主站部署即时通信服务器，在各卫星小站部署即时通信客户端。即时通信客户端通过卫星网络与即时通信服务器相连。引出的问题是：网络中的各个卫星站点共享通信带宽，无序的站点间通信将造成网络数据拥塞、丢包率增大、通信网络崩溃等风险。

二、软件功能设计

本节所述的即时通信软件主要包括 9 项主要功能。第一，能够实现用户账号管理功能。

系统管理员可在软件后台对用户账号进行创建、更新、删除等管理操作。第二，用户登录验证功能。用户在进行软件应用前，需在登录界面中输入账号名称和密码，系统对用户信息进行验证，验证通过方可使用软件。第三，能够实现通信联络人的管理功能。软件使用者可以在软件界面中添加、更新、删除通信联络人。第四，能够实现通信群组管理功能。用户可以构建通信联络群，通信联络群可以包含多个通联用户。第五，能够实现卫星站点间的文件传输功能。一是点对点的文件传输。软件使用者在软件界面中选择通信联络人，打开通信联络窗口。通过传送文件菜单、把文件拖进通信联络窗口等方式向联络人发送文件。二是多对多的文件传输。软件使用者选择通信联络群，打开群通信联络窗口并上传共享文件。群中的联络人可下载共享文件。第六，能够实现站点间的文字通讯功能。一是点对点的文字传输，二是多对多的文件传输。第七，能够实现站点间的图片传输功能。一是点对点的图片传输，二是多对多的图片传输。第八，能够实现站点间的语音通信功能。软件使用者在软件界面中选择通信联络人，打开通信联络窗口。在对话框中点击语音通信按钮向联络人发起语音通信请求。对方接收到语音通话申请，点击同意后可进行语音通信。第九，能够实现站点间的视频通信功能。软件使用者在软件界面中选择通信联络人，打开通信联络窗口。在对话框中点击视频电话按钮向联络人发起视频电话通信请求，对方接收到视频电话通信申请，对方同意后可进行视频电话通信。

三、通信控制器设计

为了实现窄带网络即时通信站点的有序通信，本小节给出即时通信服务器中的通信控制器的设计理念，通信控制算法如算法 1 所述。

算法 1：通信控制算法

输入：基于即时通信客户端的通信请求。

输出：通信连接决策。

第一步：构建即时通信客户端通信请求集合，并置为空。

第二步：确定接收到的即时通信客户端请求的优先级，根据优先级将请求信息插入到通信请求集合中。其规则是：优先级的确定需根据消息发送端的用户等级确定，用户等级越高，优先级越高。优先级越高的消息，在通信请求集合中的队列位置约靠前，排队通信的等待时间越短。

第三步：扫描当前的通信链路情况，获取网络带宽余量信息、通信速率信息、网络拥塞信息等。并进行精确记录和分析。

第四步：判断是否通过当前通联请求。首先，归一化网络带宽余量、通信速率及网络拥塞度，其次将归一化后的数值相乘积，最后与联通阈值相比较，若大于通联阈值，则通过通信请求集合中的优先级最高的通信请求。否则退回到步骤三进行迭代。

算法 1 给出了通信控制算法，通过算法 1 可以实现窄带网络即时通信站点的有序通信，达到处理通信拥塞的目的。

四、信息离线传输控制器设计

本小节对信息离线传输控制器进行设计，主要目的是解决基于通信控制算法的站点入网通信不同时的问题。如一个站点上线后，另一个站点未能上线，则可通过信息离线传输控制器实现信息的离线文件传输，目标站点上线后，可通过服务器获取未接收到的信息。具体内容如下所述。

即时通信信息主要包括文字、图片、语音和视频，这些信息都可以以文件的形式进行传输。文件离线传输实现原理是：用户 A 向用户 B 发送离线文件时，服务器根据用户 A 提供的文件二进制信息判断是否已存在此文件，如果已存在，则不必上传。如果服务器文件不存在，则服务器会自动分配一个存储空间，客户端陆续上传文件的二进制数据，直到上传完成。服务器再通知用户 B 进行文件的下载。离线文件使用 TCP 协议进行网络传输，包含上传和下载两部分功能。可同时上传多个文件，多个上传任务由上传管理器自动协调管理，支持断点继传，也支持同时下载多个文件，多个下载任务由下载管理器自动协调管理。

用户 A 进行离线文件上传工作包括十个步骤。第一步，用户 A 向服务器发送上传文件请求；第二步，服务器向用户 A 发送服务器回复消息；第三步，用户 A 进行文件本地扫描计算 MD5 或 SHA1 哈希值；第四步，用户 A 携带哈希值向服务器请求文件上传；第五步，服务器向用户 A 进行回复；第六步，用户 A 根据服务器的回复判断是否要进行文件上传，如果需要则服务器增加上传文件计数；第七步，如果服务器中没有此文件则上传文件数据；第八步，服务器将接收情况向用户 A 通报；第九步，用户 A 向服务器发送文件上传完毕消息；第十步，服务器通知用户 B 进行离线文件接收。

用户 A 进行离线文件下载工作包括十个步骤。第一步，用户 A 向服务器提交下载离线文件请求；第二步，服务器向用户 A 发送应答报文；第三步，用户 A 根据服务器的回复判断，如果服务器中的文件已经不存在了，则文件下载失败；第四步，用户 A 扫描本地临时文件，并获取本地临时文件的进度；第五步，用户 A 向服务器发送文件数据下载握手消息；第六步服务器向用户 A 发送回复报文，并传输文件数据；第七步，用户 A 重命名临时文件；第八步，用户 A 向服务器发送文件下载完成报文；第九步，服务器端增加下载计数；第十步，服务器向用户 B 发送文件已下载通知报文。

窄带环境中的即时通信应用设计约束因素包括带宽、速率、链路状况等。本节基于此，对面向窄带的即时通信软件进行了设计。给出了基于卫星通信的窄带即时通信网络模型，对软件功能进行了规划，对通信控制器的控制原理进行了介绍，对信息离线发送技术进行了阐述。本节的贡献在于提供了一种在窄带环境中的通信控制理念，具有一定的理论意义及应用实践价值。

第四节　电子通信设备设计技术分析

随着人们对电子通信设备需求的不断提升，在其性能上也有的更高的要求。电子通信设备所体现出来的安全性、可靠性已经有了较为成熟的标准，其发展程度也处在比较活跃的阶段。但是当前的社会经济发展越来越快，随着科学技术的不断创新，人们对电子通信设备的要求也越来越高。本节将通过对电子通信设备的可靠性设计做以阐述，尝试对其进行探讨和分析。

一、电子通信设备在设计技术上的可靠性指标

可靠性在电子通信设备设计中的意义。电子通信设备再开发设计的过程中，其可靠性是无法绕过的关键节点。对于很多企业来说，都非常看重电子通信设备可靠性的研发，也会通过一系列的管理体制和技术手段去实现符合当下需求的可靠性设计，并将其适用于产品的实用效果当中。由此不难看出，加强对可靠性的投入，让产品在市场竞争中表现出强劲的竞争力就是令其电子通信技术强大的意义所在。

通过元器件控制可靠性。元器件是电子通信设备能否正常运转的基础。所以是否选择可靠性高的元器件在产品整体的质量上异常重要。科学的使用元器件，能够在生产过程中保障设备性能，还能够有效地降低生产成本。对元器件在可靠性上进行严格监管，以保证它在质量和使用年限上得到最大程度的发挥。

通过降额设计技术提高可靠性。能够提高电子通信设备可靠性的另一个重要的技术手段就是降额设计技术。降额设计技术在产品应用中起到的主要作用是：让设备运转时承受低于其工作应力的额定值，大大降低设备出故障的概率。通过降额设计这样的技术手段，能够有效地提升设备运行过程中可靠性，这是其技术应用的最核心目的。

通过简化设计提升可靠性。为了能够让更多的人接触和使用电子通信设备，享受其带来的便利和功能，就需要在生产过程中做好成本控制。保障可靠性的前提下，如何降低生产成本也是企业需要克服的问题。所以简化设计，能在不影响设备正常运转的情况，很好地降低了产品的初始成本和故障率，从另一个方面提升了设备的可靠性。

通过余度设计增加可靠性。余度设计是指设备中配备多套能够完成功能呈现的单元。利用可靠性、稳定性更高的软件取代硬件的余度设计，设计过程简单，成本不高，是很常见也很实用的。采用软件替代硬件的设计会增加设备的复杂程度，在基础可靠性上并没有让产品获得提升。所以余度设计的使用范围受到了一定的局限性，一般都是在使用高质量元器件以及设计技术后，仍然无法让设备稳定运行的情况下才会使用。

二、电磁兼容设计技术对可靠性提升的作用

由于电子设备在使用的过程中需要占据电磁频谱，随着市场对电子设备的大量需求，各种类型的电子设备相继出现，造成了电磁频谱使用紧张，这在一定程度上也影响了电子设备

的可靠性。这就使电子设备的兼容问题暴露出来，加上国内的电子兼容技术起步晚，发展不成熟，是的电磁兼容性的问题越来越严重。为了顺应市场的发展需求，近几年国内也开始加强对电磁兼容设计的研究（见图1），逐渐完善了电磁兼容设计的理论体系，也提出了一些解决实际问题的方案。目前在很多电子通信设备的设计生产中都得到了很好的应用和实践，为产品可靠性的提升起到了很关键的作用。

三、热设计技术对可靠性的帮助

通过冷却、加热或者恒温等多种温度调节的技术手段，来保证电子通信设备中元器件在不同温度条件下的正常运转，这是热设计为设备可靠性提供的最大帮助。随着电子通信设备高密度、集成化的发展方向，散热问题逐渐成了考验设备性能和可靠性的重要因素。因此，热设计的研究成果和研发进展对设备可靠性的提升贡献了新的标准。一套成熟的热设计方案，需要对成本进行管控，同时解决设备的散热问题。在电子通信设备进行热设计的实践操作中，必须要通过对电路设计、结构设计、维修设计的综合考虑，才能达到设备可靠性的必备条件，这是一个综合性的工作过程。在热设计使用之前，先要做好初步的评估工作，彻底释放设备的散热风险，依靠可靠性研发在各个环节的联系和沟通禅城评估流程，完不成热设计风险，就不会进入流程的下一个阶段。

上述内容对电子通信设备的可靠性在设计研发过程中的各个环节都做了分析。可知，想要提升可靠性，就要优先在热设计、元器件的采用、降额设计等发面进行有机的结合，将其融入电子通信设备的总体设计中。能否坚持执行，把控细节是提升可靠性的关键所在，因此，应该秉承将可靠性设计放在首位的原则，加强研究开发过程中数据整理工作，为电子通信设备的性能提升和质量打好基础，确保设备的稳定性、可靠性。作为电子通信设备的生产企业更需要确立自身产品在可靠性方面的优势，才能在竞争激烈的市场中占据一席之地。

第六章　电子通信技术的基本理论

第一节　电子通信技术的发展趋势

在计算机技术和电子技术的支持下，通信技术在不断发展，其中还增添了许多新的技术元素。随着人们生活水平的提高和工作环境的改变，传统的数据分流模式已经不能满足实际工作需要，电子信息交流模式则在通讯领域占有非常重要的位置。本节简要分析了智能电子通信技术的工作原理，并阐述了其发展趋势，以期为日后的相关工作提供参考。

一、智能电子通信技术原理分析

智能技术原理分析。智能技术是计算机技术和自动控制技术发展的产物，相信未来大多数高端技术的发展都离不开它。从实践情况看，可以将智能化理解为人工智能化，即将计算机、自动控制和人体工程学等多个领域的技术整合到一起，模拟人脑思维，实现人工智能化控制。智能技术是实现智能电子通讯的基础，虽然我国在这方面的研究起步较晚，但是已经基本实现了简单的人脑操作。例如，一些高端识别设备就模拟了人的视觉系统和语音系统。值得注意的是，这些过程都离不开人的控制，就是说，这些识别设备并没有完全实现人工智能化。要想让智能技术更好地为人服务，还需要进一步提高其自动化水平，将"人的思维"赋予智能控制系统中。

将先进的智能技术应用于通讯领域就是利用计算机仿真技术和计算机模拟分析技术模拟人的思维，让控制系统能够基本判断出信息传递情况，并对其进行分析和转换，实现信息传递。电子通讯过程的智能化主要体现智能拨号、信息转接和信息传递3个方面，这些都与数据处理分析有直接关系。当系统接收到信息后，智能处理模块会分析这些数据，实现还原信息的目的。一般情况下，智能处理模块会以嵌入模式安装到系统中，中央处理器则会自动分流接收到的信息。在整个过程中，系统只需要编译一个分流指令，并将其存储到智能模块中即可实现信息分流。要想让计算机系统完全按照人脑思维指挥操作是不现实的，但是，却可以在统计分析学的帮助下使其不断朝着人工智能化的方向发展。

电子通讯原理分析。通讯与通信之间是有很大差别的，可以将通讯概括为信息的传递。这里的"信息"是一个广义的概念，不仅包括文字，还包括语音和视频。通信则可以概括为数据的传送，其基础是各类通信设备，可以说，通信是被包含在通讯内的。从目前的情况看，电子通讯已经成为各种通信技术发展的主要方式，在电子技术的支持下，通信技术会朝着更加高效的方向发展。实际上，电子通信技术就是对原始通信技术的改造，它最重要的变化就是在系统中添加了各类先进的电子设备，最初是电话和对讲机，现在最常用的就是视频通话。这些设备与传统通信设备的区别是扩大了信息的传送范围，其中还包含了各类电力通讯内容。

电子通讯过程的实现主要依靠 2 种原理：①无线电波原理。该原理是通过无线电波的发送和接收完成信息的传递。以手机为例，它与固定电话不同，使用过程不受固定线路的制约。因为其在传递信息时主要依靠的是收发无线电波，而打电话和发送消息就是发送信号的过程，接电话或者接收消息就是接收信号的过程。②数据流传送原理。例如，在使用对讲机时，信号的发送和接收都是以数据流的方式实现的。数据流是传递消息的基本单位和主要形式，可以说数据流是实现信息传递的基础。

二、智能电子通信技术的发展趋势

计算机产品是通信技术开发工作中的重点，是电子通讯系统的重要组成部分，而计算机技术是智能电子通讯的基础。因此，在未来的发展过程中，除了要继续扩大产品规模，还要进一步提高产品的综合质量，注重产品的售后服务。随着科学技术的发展，智能电子通讯领域更加注重硬件产品和软件产品的研发，不断提高产品的人工智能化水平，精确模拟人脑思维。同时，我国也应注重通信技术人才的培养，逐步将通信产业发展为国民经济的支柱产业。

在智能电子通信技术发展的过程中，要进一步优化调整通讯产业的内部结构，合理配置各类通讯资源，积极改造基础设备，在原有的设备基础上添加更多的电子设备，避免出现资源浪费的情况，有效提高通讯效率。另外，还可以将大型通讯产业作为中心，带动计算机产品、电子产品和软件技术等相关产业的发展，让它们相互扶持、相互促进，形成一个完整的产业链，以提高电子通信技术的智能化水平，创造更好的经济效益和社会效益。除此之外，相关部门也要注重西部地区电子通讯市场的开发，解决技术发展失衡的问题。鉴于此，可在西部地区建设更多的研发基地，深入研究智能电子通信技术，不断提高信息的传递效率和信息传递系统运行过程中的抗干扰能力，为人们的生产生活提供更加便捷的服务。

通信产业是社会生产生活的基础，对人们的工作和生活有非常重要的影响，在未来一段时间内，我国通讯产业将朝着更加智能化的方向发展。各种先进的计算机硬件产品和软件产品将会为计算机技术提供更多的支持，而系统也能够模仿人脑分类处理接收到的消息，降低对工作人员的依赖度。

第二节　智能电子通信技术的原理

从人类文明的诞生开始，通信技术就被广泛地应用在了各个领域，成了所有人在日常生活中不可或缺的交流方式。通讯的原理用简单的话来说就是通过特定的媒介把信息源所发出的信息用某种方式传达到信息的接收终端。从近现代来说，得益于电子技术和计算机技术的飞速发展，通信技术在近百年中也得到了长足的发展，近乎巅峰。如今，由于传统的通讯方式已不再能够满足人类对于日常的信息交流的需求，智能化的电子通信技术被应用的更为广泛化和普遍化。本节就其原理进行分析探究，更加深入地了解智能化电子通信技术。

一、通讯和通信的区别

通讯与通信作为两个在近些年被广泛提及的名词，虽然仅有一字之差，但是二者的定义却差异不小。一般来说，通讯指的是一种信息的传递过程，其信息所包含的类型大不相同，例如文字、图片、音频、视频等。鉴于现代社会中人们最常使用的通讯软件如微信等，我们一般情况下进行的都是通讯。而通信技术则是一种得益于计算机技术高速发展的新兴的通讯方式，其是指在具有一定的通信设备的基础上，通过媒介的处理的信息源发出的信息再传递到信息的接收终端，即一种数据的传输过程。可以看出，在技术层面上，通讯与通信有着较为明显的差异，但是从关系角度出发，通信技术包含了通信技术。随着现代科技的不断进步，通讯与通信在今天已经达到了技术的对接，并且也实现了两者的优势技术综合。

二、电子通讯的发展历程

在电子技术和计算机技术飞速发展的当今社会，电子通讯也加入了更多的技术方面的元素，较为成功广泛地实现了电子通信技术的应用。不过随着社会的不断发展与进步，人类对于通讯的需求也越来越高，现有的数据分流的处理模式已经无法满足，这就使得在极多的领域中都更加重视电子通信技术智能化的开发与应用。现如今，智能化已成为了最主流的应用技术趋势。综上所述，智能化的电子通信技术定会成为通信技术未来飞速发展的必要条件，为其打造了坚实可靠的基石。

三、智能化通信技术的原理分析

电子通信技术实际上已经在发展上较为深入，在市场中也占据着不小的份额。但值得注意的是，对于电子通信技术本身来说，其中包含的电子原理、通讯原理等技术原理相比较为复杂，而智能化的通信技术更是依赖于新晋的计算机技术，使得其成为更加复杂的一种技术，因此较为详尽地解读智能化通信技术的原理就显得尤为必要了。

智能化原理的分析。智能化是得益于计算机技术的新兴而得以实现的。智能化，用更严谨的方式来说，可以理解为人工智能化，即通过计算机技术和人体工程学等高端科学领域的知识技术相结合，来达到机械模拟人脑进行操作的目的。截至目前，人工智能化已经能够做到许多诸如智能机器人、视觉、音频等方式进行识别的高端的识别设备等等类似的基本人脑操作的程度。但是存在一定的问题，即这些智能化技术的应用依然需要人工干预的条件下，也就是说，并没有达到真正的人工智能化技术。加强自动化技术的发展力度是解决的一大办法。电子通信技术中的智能化技术原理主要是采用了计算机仿真及模拟分析技术，再通过特定的处理系统对外界传递来的信息进行数据的分析与转换，从而完成了数据的传递。未来的发展方向是，将不同的分流指令进行预编译，随后储存到智能化处理模块中，进而完成真正的智能化信息分流的功能。

电子通信技术的原理分析。传统的通信技术形式类目繁多，而电子通信技术作为现如今的通信技术里最主要的应用方式，成了高端技术应用的里程碑。前文中对通讯和通信做了较为详尽的区别对比，相比于后者来说，通信技术在很长的一段时间里都停留在了较为低端的技术层面，但随着电子通信技术的飞速发展，通信技术也在实现更为高端的技术的应用。电子通信技术增加了可以将传统的通讯方式进行改造的电子设备诸如对讲机、移动电话或是视频通话设备等目前典型常见的电子通信设备，从而实现了电子通信技术的形式。电子通信设备不同于一般通信设备的是，后者一般都是数据通信设备，将数据信息进行传递，从而实现信息的获取。而电子通信技术则是可以实现信息的传输，内容范围也更加广泛，可以包含人们日常生活中会接触到的很多的电子通讯内容。

从技术层面的原理进行分析，对于电子通信技术的原理分析实则只包含两种工作原理。第一是电子无线浪波的发射与接收原理，再者就是数据流的传递。举例来说，如最常见的移动电话。移动电话就是一个典型的电子通信设备，其通过一定的方式来发出信号再进行接收，从而实现信息的"收"与"发"。由此可见，所有的电子通信设备，其基础原理都是信号的循环传递。

智能化在现如今的社会中已经成为电子通信技术领域内耳熟能详的名词，可以说老少皆知，但是距离真正实现智能化的应用依然有较长的道路要走。随着现代社会科技的飞速，人们对于通讯与智能化的需求越来越多，那么大力探究研发其应用技术就是必不可少的努力方向。电子通信技术应向着未来科技的三个最重要的组成——电子化、智能化、自动化大步迈进，大力开发科研等活动，进而真正地达到电子通讯的智能化。

第三节　电子通信技术在社交上的影响

自改革开放以来，我国经济迅猛发展，科学技术水平不断提升，随着科技的发展，我国电子通讯或者说互联网技术也在不断地进步和发展，目前在世界上也处于领先位置，且电子通讯已被广泛地应用于人们的生产与生活的各个领域。这种广泛的应用一方面给人们的交往提供了便利的途径，大大地提高了沟通的效率，在很大程度上提升了人们的生活质量。另一方面，它也给人们的社交带来了一系列的问题，如隐私泄露等。本节就电子通信技术在社交上的影响进行简单的分析。

随着电子通信技术的发展，几乎人们所有能接触到的设备都离不开电子设备与互联网，电子通讯的触角不仅伸向了生产的产业部门，还包括人们的娱乐、通讯、社交和支付等领域，它已经日益成为人们的生活必需品，它不仅能够看清你每一个订单的来龙，也可以查清每笔资金的去脉，能知道你的亲朋好友都有谁，甚至你骑个自行车都能知道你去哪里了。同样的，他在为人们的生活和社交提供便利的同时，也相应地带来了一些负面的影响。

一、电子通信技术为社交提供了便利的渠道

随着信息时代的发展，各种通讯电子设备如雨后春笋，从起初的发电报到 BB 机也就是 call 机再到有线电话，慢慢发展到大哥大——早期的无线通信设备，再后来就是小灵通之类的无线电话了，20 世纪后更新迭代到手机，21 世纪智能手机，伴随着这些通信设备的发展，QQ、微信等各种通讯（聊天）软件越来越受人们溺爱，电话号码慢慢地开始被这些社交软件所取代，淡出人们的视野。微信、QQ 这类社交软件在很大的程度上给人与人之间的沟通和交往带来了优势，这种优势主要表现在两个方面：

人与人之间的交往开始不受地域的限制。在电子通信技术还未普及到社交软件之前，人与人之间的交流主要是依靠面对面的交谈以及书信，面对面交流的主要问题就是受到时间地域的限制，如交流者不在同一地域或者时间没有吻合，那就无法顺利进行信息沟通和资源整合，而书信的传递速度远远不及现在的软件，往往会产生信息滞后的现象。

人与人之间的沟通更加高效。微信、QQ 这一类的社交软件不仅能够进行生活的日常沟通，而且还能够创建工作讨论组，进行工作上的交流，使工作的展开更加高效，并且还能够互联网发送和接收文件，提高工作的效率，这些便利都是电子通信技术所带来的，因此我们能够看到，电子通信技术在社交方面给人们提供了非常多便利且丰富的渠道。

二、电子通信技术在社交上存在着安全隐患及情感交流的缺失

尽管电子通信技术给人们提供了相当便利的社交渠道，但是它也在无形之中带来了安全隐患，就拿网络购物来说，本是为了方便人们的生活，但是也带来了不良影响。网络购物需提交电话号码及个人地址，这两个信息在快递订单上展示，无形之中就带来了信息的泄露，使得消费者的个人信息得不到保证，网络诈骗也层出不穷，网路空间的安全成了现代人不可忽视的问题。电子通信技术带来的网络空间不安全主要表现为盗密、泄密、网络诈骗、网络攻击等恶意行为，特别是随着大数据技术不断发展和普及，企业和个人用户信息泄露的事件也不断在增加。棱镜门事件后，本着亡羊补牢、为时不晚的思想，大到政府机关，中到各行各业，小到单位部门，都重视起信息安全和信息保密制度。我国现在的用户信息泄露事件频繁，信息安全现状不是很乐观，各类技术漏洞、制度窟窿待补，因此网络安全将成为当前乃至今后不容忽视的社会问题。

正如之前所讲到的，电子通信技术给人的交流带来了很多便利，但是随之而来的是人与人之间情感的淡薄和缺失。"低头族"这一词的盛行并不是空穴来风，它反映的正是信息时代下社交的主流问题：相对无言，网上畅谈。快节奏的生活使我们对身边的人开始忽略，甚至在同一所房子里也是选择用社交软件来传递信息，情感的交流少之又少，交通工具上，人手一个手机，全是低头族；哪怕是在一起开个会的人，跟过去比，也少了很多面对面的交流，都在通过电子设备交流。古人所写的"一别之后，两地相思，说是三四月，却谁知五六年。七弦琴无心弹，八行书无可传，九连环从中折断，十里长亭望眼穿"的心思现代人多数是体

会不到的，从前的语言，一字一句，都是真情的流露，我们说以前书信很慢，车马很远，但是现在，通讯逐渐发达，人们通过电子邮件、聊天软件、表情包联系彼此，但是不能忘了，人是一种社会动物，交往和社交是我们生活的一部分，也是我们的天性。因此，在充斥着快节奏电子通讯的今天，面对面交谈显得尤为重要，科学技术可以成为人际沟通的有力工具，但是，它无法取代交谈本身。

伴随着电子通信技术的普及，它所拥有的强大通讯功能在人类交往方式的演变史上必将产生划时代的意义，我们生活中许多的日常事务都借助电子设备和社交软件来进行，在维系社会关系方面发挥着不容小觑的作用。但是在使用电子通信技术的过程中，我们需要树立安全意识，防止个人信息的泄露，维护个人权益，更为重要的是，不要厚此薄彼，将电子通讯交流与传统的交流方式相结合，形成合理的社交模式。

第四节　电子通信技术与现代生活

通信产业是社会生产生活的基础，对人们的工作和生活有非常重要的影响，在未来一段时间内，我国通讯产业将朝着更加智能化的方向发展。各种先进的计算机硬件产品和软件产品将会为计算机技术提供更多的支持，而系统也能够模仿人脑分类处理接收到的消息，降低对工作人员的依赖度。

一、电子通信技术应用重要性

电子通信技术的发展改变了传统的信息传播方式，同时也提高了信息的传播速度和准确性，传统的信息传递使用过人力的方式，这种方式容易造成信息的失真，同时信息的传递时间较长，不能较好地满足人们的需求。通信技术的发展满足了人们对信息传递的要求，实现高校、精确、保密的传递方式，尤其是在商业信息中的应用，极大提高了工作效率，同时保证了信息的安全性。再者电子通信技术的应用减少了人力的工作，避免了人为因素造成的信息传递错误，同时减少了工作人员的工作量，提高工作效率。另外，电子通信技术的应用促进了办公室业务的改革，实现了网络办公和远程办公，为人们的生活提供了较大的便利，同时电子通信技术真正实现了信息的透明化和公开化，保障了各种事务的公开透明，减少了不良问题的出现。

二、电子通信技术在生活领域的应用

计算机技术的普及为电子通信技术的发展提供了良好的技术载体，当前计算机技术蓬勃发展，深入到社会的各个领域中。同时计算机技术在人们的娱乐生活中扮演着重要角色，在一些偏远的农村，计算机网络成为人们娱乐的主要方式。电子通信技术以计算机技术为依托在生活领域应用广泛，电子通信技术突破了传统空间束缚，改变了传统信息不同的局面，增强了社会各个领域之间的联系，把全世界都串联成了一个"地球村"，通过电子通信技术可以让距离很远的人进行交流和沟通，同时为人们获取外界信息提供了极大的便利。因此，电子通信技术在生活领域的应用极大改变了人们的生活方式。

三、电子通信技术对生活的影响

电子通讯对城市发展与都市生活方式的积极影响。提高了城市的整体的规划的效率与科学性，并且使得城市的产业结构发生了巨大的变化，尤其是大的城市的信息中心的职能日趋加强，解决了城市的交通问题，解决了城市的交通拥堵的问题，"治标又治本"。城市的建筑变得智能化，智能建筑的办公自动化、通讯自动化、甚至是城市管理与监控手段都是信息化、涉及面广、决策更加科学、缜密与及时，借助这样的计算机网络，城市的管理以及城市的发展走上的是"法治"的道路，而不再是"人治"。同时，全方位的改变了都市人们的交流与生活方式，尤其是"远程教学"、"网上购物""就医"、"娱乐"变得多元化与多样性，参与政府的事务也变得民主化、公开化、透明化了。城市规划、城市额建设都是在电子商务的理念下进行治理，体现了地球信息的科学、系统、生态的思想，使城市的产业结构发生了重要的改变，服务业得到了蓬勃与信息化的发展，现代制造业的国民经济主导的都是信息化的技术开发与咨询服务，电子通讯对工作、教育、就业、办公室、学校购物等都是大大拓宽，城市的空间呈现扩散与一定程度的集聚。

电子通讯对现代城市发展的负面影响。电子通信技术作为现代信息技术，一方面会给人类的未来带来光明，让人憧憬；另一面也会让人忧虑与担心。电子通讯的发展可能会加剧人类生态环境的进一步恶化，变得不堪。社会化隔离问题的凸显，将人类信息化环境会面临许多隐私侵权的问题，信息污染的问题、信息安全、知识产权，同时将使得结构性失业严重，使得残留的森林、稀有动植物更快的灭绝，这样的阴影需要政府对环保进行有效的管理，人们也要坚持"终身学习"的理念，同时会加重现在的就业压力，城乡之间的差距可能进一步扩大。

四、智能电子通信技术的发展趋势

计算机产品是通信技术开发工作中的重点，是电子通讯系统的重要组成部分，而计算机技术是智能电子通讯的基础。因此，在未来的发展过程中，除了要继续扩大产品规模，还要进一步提高产品的综合质量，注重产品的售后服务。随着科学技术的发展，智能电子通讯领域更加注重硬件产品和软件产品的研发，不断提高产品的人工智能化水平，精确模拟人脑思维。同时，我国也应注重通信技术人才的培养，逐步将通信产业发展为国民经济的支柱产业。

在智能电子通信技术发展的过程中，要进一步优化调整通讯产业的内部结构，合理配置各类通讯资源，积极改造基础设备，在原有的设备基础上添加更多的电子设备，避免出现资源浪费的情况，有效提高通讯效率。另外，还可以将大型通讯产业作为中心，带动计算机产品、电子产品和软件技术等相关产业的发展，让它们相互扶持、相互促进，形成一个完整的产业链，以提高电子通信技术的智能化水平，创造更好的经济效益和社会效益。除此之外，相关部门也要注重西部地区电子通讯市场的开发，解决技术发展失衡的问题。鉴于此，可在西部地区建设更多的研发基地，深入研究智能电子通信技术，不断提高信息的传递效率和信息传递系统运行过程中的抗干扰能力，为人们的生产生活提供更加便捷的服务。

电子通讯的发展一定程度上是顺应了现代时代发展的大趋势，深入地影响了现代的城市的发展与生活的方方面面。我们应当发展它对未来的光明的一面，并且完善对它的负面的研究和认识，从科学的战略高度勇敢面对和处理电子通讯信息技术发展中的每一个难题，积极应对和攻克电子通信市场前进中的每一个壁垒。各项的通信技术在生活中正处于方兴未艾之时，当今的信息化时代，需要数字化、宽带化、信息化、个人化的实现。因此，把握时代的发展脉搏，城市的结构因为电子通讯的改变地得到了信息经济模式的"软化特征"的转变，电子通讯的发展开始了近代的城市现代化进程，必须用电子通讯的理念与高效率指导城市化的发展，让当今社会、生活的"血液"流淌进生活，让我们的城市与生活向信息时代迈进。

第五节　电子通信技术的多领域应用

随着我国社会改革的不断深化、科学技术水平的不断提高及经济的不断发展，电子通信技术也迅速地成长起来，并被应用到人们的生活和生产等各个领域。电子通信技术在人们实际生活、生产领域的广泛应用，极大地提高了人们的工作积极性和劳动效率，强有力地辅助了社会化改革的推进，推动了经济向好向快发展。

电子通信技术的发展和应用，大大地提高信息传播的速度和准确性。以前，信息传播的主要途径是通过人来完成，这种传播方式不仅需要耗费较长的时间，同时在人与人之间进行传递的时候，很容易造成信息的失真。而电子通信技术的应用，使得信息的传播者能与信息的接受者进行直接的交流，这样既节省时间，同时也避免了人为因素造成的信息传播出错。与此同时，电子通信技术的应用还极大的提升了信息传递的安全性，一些具有保密性质的信息能够以加密的方式进行传递，免遭到他人的恶意攻击。因此，电子通信技术在人们的生产、生活中扮演着越来越重要的角色。

一、电子通信技术在生产中的应用

把电子通信技术应用到人们的生产过程中，能够对生产企业的信息资源进行共享，从而在提高企业生产效率的同时，使得企业的经济效益实现最大化。比如说在进行产品生产时，需要对所生产的产品进行一定的改动，可以通过电子通信技术将产品的变更信息第一时间传输到相关生产人员的手中，从而可以提高产品的生产效率，避免了资源浪费。

而将电子通信技术应用到产品的销售中，生产型企业利用电子通信技术可以更加准确地去捕捉市场信息、了解市场动向，这样不仅能够寻找到更广的客源，还可以更加有针对性的制定适合自身实际情况的销售方案和建立强劲的销售网络，以辅助生产产品的销售，这样能够帮助企业减少因产品积压而带来的经济损失，同时还能方便客户直接通过网络等手段对产品进行验货，从而提升了产品的销售量，确保企业能够获得更大的经济利益。

对于企业来说，将电子通信技术应用到传输一些具有重要商业价值的信息时，能够免遭到他人的恶意攻击，增加企业的信息安全。

利用电子通信技术人们可以在办公室内实现更大范围市场信息的互联，减轻了工作人员出差的负担，一定程度上有利于提升工作效率，同时也减少了出差办公造成的消耗。工作人员也可以从互联网上获取更多的有利于公司发展的信息。随着时代地不断变革和发展，电子通信技术在办公领域的应用范围越来越广泛，已渗透到了办公的各个领域，未来将实现网络化办公的新格局，电子通信技术给人们得生产、生活注入了新鲜的血液与活力。

二、电子通信技术在生活领域的应用

在人们的日常生活当中，电子通信技术的应用更是无处不在。以前在通信技术比较落后的时代，人们要想获取更多的信息，需要借助于信件、报纸或者是以口头传递的方式才能获得。然而通过信件、报纸所获得的信息常常不够及时，使得人们无法及时获得信息资源。而通过人与人之间的口头传达所获取的信息资源，往往会因为个人的喜好对所传达的信息进行一定的"修饰"，这样在传播的过程中就会导致信息的失真。此外，由于过去通信技术的落后，使得很多偏远地区的人们很难能和外面的人进行信息的交流。还有一些外出务工人员，往往只能通过书信的方式与家人进行交流。

随着电子通信技术的应用和发展，一场信息化革命打破了这种僵局，如今这些困难都迎刃而解。利用电子通信技术，人们即使足不出户都能对外界所发生的大事小情掌握的一清二楚，真正地实现了中国古代"秀才不出门便知天下事"的说法。同时对于远在他乡的亲人，也能通过网络视频或者电话进行实时的互动交流。这给人们的生活带来了极大的便捷。电子通信技术的应用，还丰富了人们的日常生活，使人们在工作之余有更多的方式来消遣业余的生活，一改以前人们只能通过走出家门到街头巷尾或者公园等地方借助一些娱乐实体来满足自身业余生活的需要，从而使得人们在物质和精神方面都能得到更好地满足。网络化的电子通信技术的出现真正地把地球造成了一个"地球村"。生活在地球两端的人们可以通过电子通信技术实现即时的、便捷的而又廉价的互联。每一个人都可以通过电子通信技术来及时地获取外界的信息、了解外面的世界、知晓千里之外发生的新闻。

四、电子通信技术在交通行业的应用

随着我国经济实力的不断提升，我国汽车数量不断增加，特别是在人口密集度较高的城市，极容易出现交通拥堵的现象，严重时甚至还会造成严重交通事故。而将电子通信技术应用于交通领域，能够使各车辆与交通指挥中心之间保持联系，实时向驾驶人员播报交通情况，从而帮助驾驶人员选取最优的行车路线，以避免交通拥堵及交通事故的发生。

五、电子通信技术在教育行业的应用

电子通信技术在教育行业也得到了非常广泛的应用，电子通信技术的应用便于任课老师与家长之间进行交流。对于孩子的成长和学习来说，家庭起到了非常巨大的作用，只靠老师单方面的督促往往捉襟见肘。通过加强老师和家长之间的交流，能够使家长及时地掌握孩子的学习状况，从而有针对性地对孩子进行辅导。尤其对于处在叛逆期的青少年，能够使老师及家长对其进行有效的监督，使得老师和家长对于孩子的生活习惯和学习近况进行更加清楚地了解，从而为其制定更加有效的学习计划。

六、电子通信技术在医疗领域的应用

利用电子通信技术可以建立起全国医疗卫生人才库，为医疗人才的培养提供依据。此外，远程医疗的建立使医生能获得正确、全面的信息，这对病人的治疗效果将产生非常重要的影响，尤其是在联合会诊治疗时其作用就更加突显出来，若医生不能保证信息的及时沟通，轻者会延误治疗时间，重则会给病人带来生命危险。

现今医院中，为了让病人能享受到更好的医疗服务，医院通过电子通信技术将医生下达的医嘱、挂号门诊、药局、护士的护理系统都进行了整合，使得每个部门都能及时共享信息，使病人的需要能得到满足。

此外，远程医疗技术也得益于电子通信技术的迅猛发展。远程医疗是利用网络和计算机等多媒体设备来实现远程临床诊治。从定义上来看，远程医疗能实现的基本条件就是电子通信。医生通过网络了解病人的病情以及病人的基本信息，并通过计算机技术，对病人进行远程指导和治疗，这样能大大节约治疗时间和治疗成本，尤其对于住在交通不便利、医疗不发达的地区，利用远程医疗技术，专家与病人不必在同一地点出现，可直接通过计算机进行沟通、问诊。

七、电子通信技术在政府工作方面的应用

随着信息化社会的深入发展和变革，全国各地都已经开始实施网络问政。全国各地、各级政府都分别积极地建立起了电子政务网站，并在各自政府的网站上面设置了关系到各地实际生活、生产、教育、医疗、民生等板块。专职的政府网站维护人员及时、实事求是地把本地的相关政务信息通过这个电子通讯平台展示给广大人民群众，真正地实现了政府办公的透明化。把本地的人事任命调整信息、岗位招聘信息以及一些关系到老百姓切身利益的信息，都及时地给予公布，诚恳地接受人民的监督。各地政务网站还设置了市长信箱和网络举报平台，力求广大人民群众提供有利于本地健康快速发展的良策，对政府工作中疏忽和不满意的地方进行指出和批评，对家乡发展献言献策同时也欢迎广大人民对一些官员违法违纪情况进行举报和监督，真正地实现透明化，实现政府职能部门的阳光问政。这样可以增加政府部门与人民的凝聚力，提高相关部门的政务办公效率和透明度，让权利和义务在一双双正义的眼睛的监督之下有组织、有纪律地行使。政府的政务公开力度越大、透明度越高，广大人民群众的劳动积极性和创造性就会越高，也就越有利于社会的发展和进步，同时也越有利于社会的和谐与稳定，这也得归功于电子通信技术的应用与发展。

环顾全球经济、社会的发展，以信息化为基础的技术革命浪潮奔腾，信息化和全球化已经成为当今世界发展得不可阻挡的趋势。今天，电子通信技术所带来的技术革命正推动着国家经济、社会的发展进程，最终将导致经济增长的方式、社会体制的重大变革，并对全球范围的经济、社会、军事、文化以及人民的生活产生越来越广泛而深刻的影响。未来是信息化

的社会，为了能跟上时代的潮流、适应社会发展的需要，社会成员都要积极地学习现代化的电子通信技术和其他文化科学技术，只有这样才能为社会发展贡献自己的力量。

第六节　无线电子通信技术应用安全

近年来，无线电子通信技术伴随科技的进步不断发展起来，但在具体应用的过程中还存在一定的安全问题。要想从根本上提升该技术的运行效率和质量，就需要对其安全问题予以重视。本节首先介绍了无线电子通信技术的类型，然后指出无线电子通信技术应用中存在的安全问题，并提出了提升安全性的具体对策，以期有效提升无线电子通信技术应用的安全性。

随着科技的不断进步与发展，电子通信技术也随之迅猛发展起来。无线电子通信技术与我们日常生活关系密切，在人们的生活和交往中发挥着重要作用。同时，无线电子通信技术也广泛应用于各行各业，加快了各个行业间的沟通与联系，推动了行业的发展与进步，使行业的经济效益大大提升。此外，无线电子通信技术还能用于产品技术的开发与生产中，通过这一技术建立虚拟平台，实现用户间的实时互联和信息共享。然而，无线电子通信技术在为我们提供服务的同时，也存在一些安全问题，需要进一步完善与优化。

一、无线电子通信技术的类型

蓝牙技术。无线电子通信技术中的蓝牙技术是应用时间较长的一种技术类型。在有障碍物的情况下，通过蓝牙技术依旧能够实现信息的有效传输，在完整对接和传递数据后，能够顺利实现设备连接。蓝牙技术还有一大优点就是省电，在不使用蓝牙时，可以让其长时间休眠，待使用时可再将其唤醒。目前，无线蓝牙技术广泛应用于随身设备及智能家居中，形成了庞大的无线通信网络，有效实现了信息数据的高速传输。

无线局域网技术。局域网技术是常见的一种技术类型，能够有效弥补有线网络使用过程中存在的问题，扩展和延伸了局域网的应用范围。而且相比有线网络，无线局域网技术实现了可移动连接，在保证整体通讯质量的同时，减少了网络布线的繁杂工作，降低了相关成本，使网络的安装与使用更加便捷和自由。

Zigbee 技术。Zigbee 技术是近年来新兴的无线网络通信技术之一。就其技术原理来看，与蓝牙十分相似，适于短距离、能耗低且速度要求不高的信息数据传输。该技术操作十分便捷，能够有效降低成本，在技术的应用过程中，能够实现自我组织，常用于设备的自动控制及远程控制。

三、无线电子通信技术应用的安全问题

违法窃听。无线电子通信技术在实现数据收集与传递的便利与高效的同时，也为一些不法之徒提供了窃取数据信息的可能性。不法分子能够通过安置在某处的微型窃听器，窃取他人的商业机密。这种行为对用户的隐私及公司机密造成了巨大威胁，给用户的经济和精神带

来巨大损失，进而使我国的信息科技安全或企业信息安全受到极大影响，严重阻碍我国的经济及科技的发展进程。

未经过授权许可访问系统。由于当前无线电子通信技术尚不成熟，在用户系统保护方面还存在欠缺之处，因此在用户系统的安全体系中存在漏洞，不法分子能够利用漏洞在未经用户授权的情况下侵入用户系统，并对其中的数据信息进行访问，甚至修改用户资料，窃取用户机密。当前，无线电子通信技术还存在明显的安全漏洞，未经授权许可便可侵入用户系统，致使个人信息安全面临严重威胁，如不及时加以管控，将对我国法治社会建设进程造成严重的负面影响。

四、提升无线电子通信技术应用安全性的对策

针对无线电子通信技术应用过程中所存在的安全问题，亟须制订一套健全、完善的系统化安全管控机制，能够对管理流程进行有效的监管，从而优化网络架构，建立完整高效的无线电子通信技术运行体系。

优化网络架构。想要提高无线电子通信技术的安全性，就需要对该技术的管理流程进行整合，使该技术使用过程中出现的问题能够得到具体地处理，进一步优化运行和维护机制，建构高效、安全的无线电子通讯体系。技术人员借助端口访问技术对使用者的访问权限进行设置，阻止未经授权的使用者访问用户系统。还可以通过地址认证的方式对端口进行限制，绑定 IP 地址，从而保证网络使用环境的安全性，用户只需输入密码就可以进行相应的认证，且不影响网络的使用效果。此外，该技术在运行过程中，可以设置较高的安全性等级，保证网络连接的有效性，为局域网及远程网络的连接建构较为安全的环境，保障技术结构和局域网分析的安全使用。

优化安全认证。优化用户使用过程中的安全认证，也是对无线电子通信技术进行安全管控的对策之一，能够阻止一些未经注册的使用者或存在安全隐患的网络进入，优化用户的使用过程。其中，加密认证是对用户身份确认的有效手段之一。能够提升用户的认证效率，将安全性价值与管理相互整合，从而保证无线电子通信技术安全应用的实效性。当然，在进行加密操作时，需综合考量技术的实际运行需求及整体技术体系，使无线电子通信技术能够最大限度地满足用户的安全性需求，保障技术应用各环节的安全性。

升级安全内核。为提升无线电子通信技术的管控效率，对系统的安全内核进行升级也是有效措施之一。技术人员能够使用相应的入侵检测技术，有效维护后续的技术运行。对操作系统进行内核检测是操作体系建立过程中的重要环节，能够保证操作体系的安全性，减少技术运行设备中存在的安全隐患，从而优化运行机制。因此，升级安全内核的操作主要分为以下两个层面。一是对网络安全漏洞进行扫描与修复，对网络中的安全问题进行实时监管，对出现的安全漏洞进行集中修复管理，全面提升漏洞修复的管理水平。二是对技术使用设备的安全等级进行判断，通过对设备运行参数的调整提升其安全等级。同时应建立相关机制，对设备的定期安全扫描加以规范，增强管控系统的完整性，从而提高无线电子通信技术的应用效率。

第七节　电子通信技术同现代家庭生活的关联

现代电子通信技术，其含义是科技的不断发展对于通信的运用，并且通过科学技术来对通信技术不断地发展方式。在如今现代通信技术一般指的是电信，也就是远程通信，现代电子通信技术的本质意在解决人与人之间的沟通问题，完成更加快捷有效的沟通。

现代通信技术，按传输媒质分，分为有线通信（传输媒质为架空明线、电缆、光缆、波导等形式）和无线通信（传输媒介为微波通信、短波通信、移动通信、卫星通信、散射通信和激光通信等）；按传输信号类型分，分为模拟通信（电信号无论在时间上或是在幅度上都是连续的）和数字通信（一种离散的、脉冲有无的组合形式，是负载数字信息的信号方式分，分为基带传输〔将没有经过调制的信号直接传送〕和频带传输）；按工作频段分，分为长波通信、中波通信、短波通信、微波通信等；按调制区分，分为基带传输（将没有经过调制的信号直接传送）和频带传输（对各种信号调制后再送到信道中传输的总称）；按业务的不同分，分为话务通信和非话务通信；按通信者是否运动分，分为移动通信和固定通信。现代通信与传统通信最重要的区别是，在现代通信中，通信技术与计算机技术是紧密结合的，具有宽带化、数字化、个人化以及智能化等特点，同时，也区别于书信、电报等传统通信。随着科技的不断发展，现代通信技术对人类生活产生了不可估量的影响，本节将从这一影响的正反面展开分析，探讨其对现代生活产生了哪些影响。

一、通信技术对现代家庭生活的正面影响

工作教育。电子商务是现代通信技术应用的重要方面之一。由于计算机互联网的产生及普及，以及未来云计算的大面积使用趋势，电子商务能够更好地利用现代通信技术，使得订单、下单、制作、物流、盘货、退货、销售、售后服务等变得更加快捷和有效，使得企业能够更加准确地整合营运中各方面信息，及时监管到位。现代通信技术加快全球经济一体化的进程，对世界经济的发展起到了巨大的推动作用，实现企业与企业、企业与消费者、企业与政府、消费者与政府的紧密配合，最终实现利益最大化和互利共赢的双赢局面。现代通信技术是全球信息化的神经网，随着现代技术的快速发展，无纸化办公与自动化交易成为资本市场发展的一大潮流，这些高科技大大提高了金融机构的运营效率。通过这张神经网，各国、各企业能够加速资本的全球流动。此外，现代通信技术使得人们能够更加方便、准确和快捷地收集各类信息，从而使得资本在全球范围内的优化配置成为可能。现代通信技术对教育现代化起着重要的促进作用，随着通信技术的发展，我国能够逐步实现远程教学，将发达城市更好、更优的师资力量投入到偏远地区的教育中。同时，多媒体教学也逐步普及，未来教育将向个性化、远程化、信息化发展。

人际关系。现代通信技术使得人与人之间的沟通不再停留在传统的交流方式，使得人际关系越来越自由化和随时化。人们可以通过手机、网络等快速地联系上远方的亲朋好友，借助现代通信技术，人们能够实现远程交流、可视化交流，某种程度上能够扩大人际交往圈。

休闲娱乐。通过现代通信技术，人们购物、会议、娱乐更加便捷。节假日如果想足不出户，往往打一个电话，就可以实现外卖上门的服务；家庭水电费的交付，也可以通过手机与互联网的关联，实现一个电话即缴费或者通过手机微信、支付宝等第三方支付方式缴费的便利；家电维修，一个电话，厂家或商家就可以上门服务，现代通信技术使得生活更加方便快捷。

平常工作很忙，怀揣着一颗旅游梦想的人，可以通过互联网、电话了解旅游信息；即使因为种种原因，不能够出国旅行的人，也可以通过电视上有关其他国家的介绍，来了解大千世界和自然动物，现代信息即使得世界的距离逐步缩短。现代商家促销信息铺天盖地，通过手机短信、互联网、电视广告等等，让消费者了解最新的促销信息。作为消费者而言，如果能够买到即便宜又实惠的产品，是最好不过的了，现代通信技术使得人们获取信息的途径大大增加。

二、通信技术对现代生活的负面影响

人际冷漠。由于人是社会动物，具有社会属性，必须融入真实的社会，如果仅仅通过手机、网络、电话牵引着人们与外界的联系，就容易出现了"宅男"、"宅女"等。人们依靠通信技术产生便利的同时，也容易产生人际交往的局限性。在手机、网络上拓宽了人们的人际关系时，却可能在现实中缩小了人们的人际关系。人的生活是需要与社会和人接触的，但是随着现代通信技术的发展，人们的情感关系容易被人与机器之间的对话所异化了，人与人面对面交流沟通的机会大为减少，就容易产生孤僻、冷漠的问题。

暴露隐私。最近世界报业大亨默多克的"窃听门"事件正炒的火热，这就让人不能不思考现代通信技术对个人隐私的影响问题。作为公民，享有个人隐私不受伤害的权利，但往往某些不法商家或者个人，通过电话监听、网络黑客等手段，窃取公民信息，造成公民财产损失甚至人身安全等危害。

信息分配不平衡。现代通信技术使得地域空间差别越来越小，但由于通信技术的发展分时序性，有些城市通信技术发展迅速，有些城市比较落后，久而久之，差距化会越来越大，并造成信息分配不平衡，直接带来经济发展的不平衡。

通信技术正在无时无刻地影响着现代生活，不光是以上分析的几点，在宗教、艺术、风俗等领域，也有着重要作用。现代通信技术不仅在现代社会中占有不可缺少的地位和作用，其作为信息产业技术核心技术，未来也有着更好的发展方向。未来通信技术主要将朝着宽频带、大容量、远距离、多用户、高保密性、高效率、高可靠性、高灵活性的数字化、智能化、综合化的方向发展，更好地为现代生活服务。

第七章 电子通信技术理论发展与创新

第一节 电子通信设备的接地问题

随着国家经济技术的不断发展，对于电子通信设备的重视程度逐渐提升。人们对于电子通信设备的使用频率逐渐提升，使得人们对于电子通信设备的依赖性越来越高。电子通信设备作为电子设备的一种，是需要进行一定程度维护和控制的，不然就会容易出现各种问题。通过对接地系统的全面分析和认识，对接地系统进行了统一的分析论述，对接地的原理、原因以及系统的种类等问题从多个方面进行了全面的阐述。并针对电子通信设备的 EMC 设计准则，对其中产生的多种设计问题进行了全面的分析，并针对这些问题提出了相应的解决办法。

一、接地系统的功能

从系统设备和系统的器件以及单元的角度来说，只有其中的各单元部件之间不存在影响其他设备器件以及系统的辐射和相应的电磁环境的时候，才能成为是满足了所谓的 EMC 设计要求。

从设计的理想角度来说，电子通信设备系统满足 EMC 设计要求是十分有必要的。

所以一般的电子通信设备系统要么从电磁环境的角度入手，降低其本身对器件的影响，要么从整个系统的角度入手，尽可能地满足系统本身的多种功效以此提升系统的综合性。从目前我国的制造商和设计者的角度分析得知，两者均具有相对独立的技术，所以在进行设计的时候，需要进行综合性的控制，确保不会出现问题。

对于电子通信设备来说，虽然从整个系统的角度来说可以实现 EMC 标准的控制，而且对其中的各种问题，都能够不断地分析和改正，最终实现各系统部件之间的相对 EMC 控制。但从实际情况分析得知，由于系统中的部件之间比较容易受到电缆线和网络连接线的相对电磁影响，所以必须要保证电子设备的持续接地。

设计者在进行相应的系统设计的时候，要确保电流在电子通信设备中保持流动，而且不能够因为各种原因或者问题出现电流消失的问题。在对电流进行分流的时候，一般都是将其分流至地面，在进行系统设计的时候，需要将低阻抗考虑在内，并确保其本身的可靠性。

二、电子通信设备接地的原理

将接地系统运用在电子通信设备中，是确保其能够在任何时候都可以利用低阻抗的方法，实现对整个系统能量的控制，并将多余的能量排入地面中，实现对公差的控制，并保持系统本身处于同一电位。

三、接地原因

进行设备接地的原因主要是为了防止出现危害人们安全的问题，利用设备接地，实现对人员安全性的不断提升。在使用接地系统的时候，一般使用的就是低阻抗接地系统，降低通信以及电子系统的噪音，实现对瞬态电压的保护，进而降低雷电以及线路对设备的影响，降低工作时的对地电压，实现接地的作用。

从整体上来说，之所以让系统本身接地，主要是实现对故障电流的控制，并降低其电流对开关以及各部件之间的影响，进而确保电子通信设备的正常运行。另外主要就是为了提高整个设备系统的安全性，确保人身误触机壳时不会受到电机。从整体上来说，进行电子设备的接地，还能够降低设备中的静电荷的积累量，并降低机架以及机壳上的射频电压，并提高射频电流的均匀性，实现导体的稳定性，提升电路的对地电位能力。

四、不同的接地系统

根据电子通信设备不同接地方式分析得知，一般的接地系统主要有交直流配电接地系统、屏蔽设备接地、射频接地、参考地、雷电地等。

在进行接地系统设计的时候，为了满足多个方面的要求，设计者在进行设计的时候，一般会忽略其中的一些问题。

一般比较容易忽略的就是电击问题，在进行设计的时候，只有出现电击问题的时候，才会设置高级的浪涌保护装置，确保不会出现此类的问题。

从综合性的设计者角度分析得知，设计者为了满足多方面的要求，需要根据电源系统的参考电压进行分析，并保证使用者不能被电击所伤害。在设备出现错误的时候，需要将错误出现前的情况进行分析，并利用低阻抗通了和避免地环路来减小电噪声，以此减少电击对整个系统的影响。

从多个电路角度分析得知，所有的电路都具有接地点，而且接地点对于通信系统来说，具有十分重要的作用。而利用 EMC 设计要求，可以最终实现接地系统的完整性。

噪声控制。通过减少 EMI 中的声源发生率，可以降低耦合路径和相应影响电路所产的噪音。而且在进行设计的时候，一般都是需要对这些问题进行分析，然后通过改变不同元件之间的切合度，适当地降低相应元件之间的影响，进而降低噪音的发生率。电子通信设备本身就具有通信系统的复杂性，而且从一定程度上来说，随着现代通信系统的不断升级，其本身的电子元件逐渐增多，导致通信设备的噪音率逐渐提高，尤其是在出现系统外部噪音的时候，一般很难解决。所以设计者一般都不会完全按照图纸进行设计，主要是在设计的时候通过寻找相应的折中办法，实现对不同电路系统噪音的控制。

地电位。从电路的角度分析得知，对于每个电路来说，其本身就只有一个参考地。这主要是由于两个不同的电汇产生不同的电位，如果选择两个参考地就会出现两个不同的地电位，必然导致出现噪音。而且从电路本身进行考虑，如果出现了两个不同的参考地，必然也会导致电路本身出现相应的参考误差。但通过对两个电路和组成电路的系统进行分析，最终得出每个电路只需要一个地电位，成为电路中的唯一物理接地参考源。

电磁场。一般情况下在电路进行低频使用的时候，电路可以将其中的一些复杂电子元件进行一定程度的忽略，并将其看作等效的电网络。一般在这样等效的电网络中，可以利用简单计算实现对不同电路不同点的计算。在电路的尺寸和波长比较小的时候，电路的辐射是不可以被忽略的。一般情况来说，比较简单的导线是可以看作可变电阻和电容的，而且其本身的可变性会影响整个系统的功能，导致导线的尺寸和承载的频率受到影响。电路中拥有电流，进而会产生相应的磁场，电压也会导致出相应的电厂，所以这些出现的电磁场和电压必然会导致各元件之间的相互影响。

共模电流。在对电路中的不同元件进行分析的时候，一般需要将电路的不同导体进行不同程度的电流流向分析。在进行电流流向分析的时候，需要利用差模涉及相应的信号，并利用电流实现对不同导体的源流控制，并利用另外的一个导体实现电流的回流。在共模的条件中，人们在进行研究和设计的时候，所设计的条件是没有信号的，也就是在导体中没有相应的电流。但在真实的情况下，这种条件是不存在的。信号源和负载一般需要直接连接在地上，以此保证两个接地点质检的共模电流源的电位之间存在差异。在进行共模电路电流材料控制的时候，需要确保此环路直接连接到地面上，而且需要通过不同的寄生电容实现电路一端地连接到地，共模电流会导致出现很多不同的问题，想要真正地解决这些问题，必须要针对不同电路的不同特点进行相应的分析和研究。

五、雷电保护

在对电子通信设备进行使用的过程中，电击是被公认为最具有破坏性的。通信系统本身就是服务于广大人民的，所以电子通信系统在很多比较偏远的乡村也具有比较广泛的普及。但由于受到自然环境的不断影响，如果出现电击的情况，就会直接导致电子通信设备的电流过载，进而导致相应的设备出现较为严重的破坏。雷电本身就是比较纯粹的高电压，对于电路有较为严重的伤害和影响，通过分析得知雷电保护并不包含在 EMC 领域中。一般为了全面提高雷电保护的效果，会将电缆埋入地下，并以此代替架设在高空中的电缆，有的地点还会使用相应的屏蔽和浪涌保护装置。

六、通信中的干扰"故障点"

对于电子通信系统来说，其中的干扰故障点主要有电缆线路、地电极、浪涌保护器件等。在现在的电子通信系统中，一般是利用比较先进的 SPD 选择方式对电缆线路进行控制和选择，并通过对电路中多元件之间的协调控制，实现电路本身的多元件之间的统一管理和控制。对于其中容易出现的问题，一般都会设置相应的保护器件，从而实现对电路的统一管理和控制。

现代电子通信可以看作是社会和国家发展的根本，对于电子通信系统来说，良好的接地效果是满足 EMC 要求的关键。

通过查阅 TPS5430 的资料可知，在设计输出电压时，VSENSE 引脚输入反馈电压应该为 1.21V，8 脚输出的电压值为 Uout，通过 TPS5430 输出电压由电阻 R8、R9 决定。

对于给定的比较复杂的现代通信系统来说，其本身所涉及的设备范围比较广，所以利用比较简单的技术方法是不能实现比较可靠的保护的。

对于电子通信系统本身来说，需要考虑其中的多种敏感点，并将与系统相关的可变参数进行全面的统一控制和管理。

第二节　电子信息技术与移动通讯

本节主要对电子信息技术与移动通讯进行了详细的分析，首先阐述了电子信息技术的含义，并且对移动通讯的发展现状进行了分析；然后针对发展现状采取了相应的创新及其应用措施；最后展望了移动通信信息优化发展趋势。

当今的社会是科技发展的时代，电子信息技术广泛的运用于各个行业，其中移动通信行业的快速发展离不开电子信息技术的发展。

一、电子信息技术的含义

"信息"即是对事物运动状态及形态的描述，是事物状态的体现形式，信息的传递可以通过文字、数据或者一些特殊的符号、声音等形式实现。目前随着科技的发展与进步，电子信息逐步登上历史舞台，成为人们生活中必不可少的沟通媒介。电子信息技术是指使用电子技术获取、传递人们所需要的信息，主要包括传感技术、计算机技术、多媒体技术、网络技术等，通过这些技术手段达到信息传递、沟通交流的目的。

二、移动通讯的发展现状

随着 GSM 和 CDMA 的线上产品和线上服务的出现，我国传统的移动通信行业已经达到了世界先进水平。移动通讯 4G 网络提高了网络运行速度，TD-SCDMA 产线在电子通信行业中起着至关重要的作用。从产品研发到生产，TD-SCDMA 产线建立了以核心网、基站、终端以及 TD-SCDMA 产线商品生产所涉及的所有配套产品为主的完善的通讯体系，我国在这一领域的发展较为先进，已经申请了多项国家专利。

三、移动通信技术创新及其应用措施

构建完善的移动通讯企业竞争机制。企业技术人员是企业发展的重要因素。对于通信行业来说，应针对企业发展现状，建立合理的竞争机制，以促进员工积极性的发挥，才能促进企业的发展。首先，企业应为员工提供技术培训机会，使员工能够了解先进的技术，使企业始终处于技术发展前沿。另外，通过合理的奖惩制度可激发员工的热情，使其具有责任心。在良性竞争的环境中，员工的创新能力得以提高，移动通讯产品的创新能够确保其稳定发展。建立完善的竞争机制要求企业管理者给予年轻员工和技术过硬的员工更多机会，进行合理的人才分配，使其发挥最大作用，提高企业的核心竞争力，实现企业的可持续发展。

数据分析是移动通信信息优化中最重要，也是难度最大的一个环节，这个过程中需处理不同技术领域的大量数据，其中探究各种数据之间的内在联系是这个工作环节的难点，要应用统计学知识和数理分析方法筛选、过滤并从众多数据中提取有价值的信息，从而分析出各种数据之间的内在联系。人工智能辅助决策是根据上述过程中分析出的数据特征智能的做出移动通信网络优化的参考方法。这样，我们的网络优化工程师就可以直接对这些优化方法进行比选，组合，从而形成整个网络优化方案。

对于通信行业来说，基础技术与关键技术是其发展的根本，企业要时刻保持技术创新才能在快速发展的通信行业实现长远发展。著名手机品牌诺基是由于关键技术落后于世界先进水平而被淘汰。基础技术与关键技术不仅能够促进企业的发展，还对国家的经济、文化具有促进作用。因此移动通讯企业应投入更多的人力、财力，时刻保持移动通讯的创新。目前，移动通讯关键技术主要体现为多种制式的 3G 网络和 4G 网络。我国移动通讯虽然实现了快速发展，但其存在的问题依然不能忽视。

按照国际标准进行产品生产，重视国家专利申请。随着全球经济时代的到来，通信行业的发展也应时刻关注国际领域，按照国家发展标准进行产品研发和生产，使我国企业始终处于先进水平。另外，知识产权保护和国家专利申请有助于提升企业在国际上的地位，促进企业健康发展。并且针对我国电子产品链接方式的不同进行调整，把握正确的企业发展方向，并在这一基础上时刻保持企业创新。目前，我国相当一部分通讯企业重视知识产权保护，但对于一些中小企业来说，法律意识淡薄，缺乏长远的发展观念，这一问题是制约信息通信行业发展的重要因素之一。因此，一定要用发展的眼光看待问题，并且还要加强法律意识。

四、移动通信信息优化发展趋势

数据的简单分析和一体化处理。在移动通信信息优化过程中要应用大量的工具和技术，在传统的信息优化过程中，因为不同工具只能对特定的问题发挥功效，这就导致众多的优化工具各自分散，难以整合。所有的优化工具难以针对整个待优化的信息协调发挥作用，形成一个有效的网络优化方案。为了解决这个问题，信息优化的各个参与方应构筑长期的合作关系，具体的讲，移动通信网络的系统供应商和第三方软件供应商应当与移动通讯运营商构筑长期战略合作伙伴关系，通过各方的共同努力，开发出能够把系统数据和环境数据绑定的工具软件系统，同时，该系统还应当具备针对大量数据的简单分析、一体化处理、数据特征挖掘、网络参数的自动调整及人工辅助智能决策等功能。从而把移动通讯运营商的信息优化技术人员从简单的数据采集、数据特征挖掘等简单的重复性工作中解放出来，投入到更深层次的环境和系统方面的优化方法研究中，为通信信息优化的高级软件的诞生提供最大的可能性和智力支持。

数据特征挖掘、人工智能辅助决策。我们可以把优化软件的结果输出作用到 OMC 系统的功能配置模块上，从而通过 OMC 系统直接指挥信息调整自己的系统参数。这样就省去了中间起作用的设备、经过及环节，可以更好更快地对信息变化做出反应，适应了移动通信网络的动态变化，为用户提供了更加稳定的移动通讯服务。

随着人类社会的不断发展，科学技术在不断进步，使得电子信息技术拥有了更大的发展空间。同时信息技术的发展对于移动通讯有着非常重要的推动作用。

第三节　电子通讯导航设备的雷击浪涌保护

本节通过对系统流量调节模式和措施的介绍，达到了有效解决集中雷击浪涌技术发展中存在的问题，为现代生活中，如供热行业推广和应用都做了较好的诠释。

一、问题所在

雷击会给电子通讯导航设备及其相关建筑物、输电线、信号电缆、操作人员造成危害，导致设备故障等一系列问题，生活中此类事件屡见不鲜，使国家和人民的生命财产遭受重大损失。为了确保电子通讯导航设备的安全运行，减少雷击浪涌造成的损失，我们必须进行雷击浪涌保护设计。

二、雷电产生、效应及危害

雷电的产生。雷电是放电路径长度为数千米的瞬时大电流放电。雷雨云中空气的流动和翻滚产生的强烈的静电荷区，当电荷及相应的电场强大到足以使空气击穿时，就产生了雷电。

雷电的效应。雷电具有高电压、大电流和瞬时性的特点，雷电放电可以产生机械、热和电的效应。

（1）机械和热效应。上升速度快、峰值幅度高的雷击电流，会产生强大的电磁力，使放电通道上的金属部件损坏或扭曲。（2）电效应。雷电可能对建筑物、结构物和户外设备直接放电，快速上升和大幅值的电流脉冲以及由此形成的高电压会对放电点的物体造成毁灭性的打击。闪电产生的静电场、电磁场、雷电波或感应电压、地电位反击等，统称雷电电磁脉冲LEMP，它会严重干扰电子通讯导航设备的正常工作，使绝缘击穿、参数劣化、元器件失效、设备故障甚至烧毁。

雷电的危害。（1）雷电远点袭击电力线。我国电力线输电方式是由发电厂通过升压变压器升压后，输电至低压变压器，经低压变压器的输出给用户。由于我国的电压基本波形是每秒 50Hz 的正弦波形曲线，在电力线上形成每秒 50 次的交变磁场。如遇雷害发生时，在雷电未击穿大气时，将呈现出高压电场形式，根据电学基本原理，磁场与电场之间是相互共存可逆变化的，那么，雷击高压电场通过静电吸收原理，向大地方向运动。雷电首先击在电力线上，并从电力线的负载保护地线入地释放，这样就击穿了设备。为此，在选择防雷器时，首先考虑远点雷击。（2）雷电近点电力线的侵入。所谓雷电近点袭击电力线，实际上是雷电袭击被保护设备所在的建筑物避雷针或金属屋面（区域管制中心主楼为金属屋面），从而引起的雷电电磁脉冲的保护问题。雷电打在建筑物避雷装置上，按照 GB50057-94 建筑物防雷设计规范》规定，定义建筑物接闪电能力为波形 10'350mS 三角波，雷击电流为 150KA。避雷针引下线由于线路电感的作用，IEC61312 定义最多只能将 50% 的电流引入大地。结果将击穿 UPS 输出对地线和输入对地线、终端设备电源对逻辑地线、网口对逻辑地线等。

三、电子通讯导航设备雷击浪涌保护设计

原则。（1）客户利益原则。无论防护工程的大小，防护设备数量多少都应以用户对安全期望值为原则，以用户需求为宗旨。本着务实，实用有效的思想，以科学严谨的态度，充分考虑用户设备的可扩展性，通过相互间深次的技术交流和沟通，达到目标的一致性，取得双赢。（2）安全可靠性原则。防雷工程的设计应首先考虑的问题就是科学性、合理性、安全性和可靠性。在防雷工程的设计中防护产品应是成熟可靠的产品。（3）先进性原则。采用当今国内、国际上最先进和成熟的工业设计技术，使系统能够最大限度地适应今后技术发展变化和业务发展变化的需要。所以采用产品技术应当是有效的，可扩充的，能满足今后日益扩充的需要。（4）实用性原则。本着安全最大化原则，配置防雷保护系统投入与安全的期望值成正比，投入所带来的经济效益是显著的，能减少每年的运行维护费用、提高和延长设备工作时间、避免雷电灾害或重大事故造成的重大经济损失，为用户的系统设备增值，有效地保护用户的投资，保证整个系统的正常运行；实用性就是能够最大限度地满足用户的需要，从实际应用的角度来看，个性能更加重要。

具体说明。经过对多个变电站的实地勘察，当前变电站中所采用的防雷措施（外部避雷）是比较可靠的。但是，随着电力网容量的增大，电压等级的提高，综合自动化水平的需求，单靠传统的避雷针、避雷带等外部避雷设施已不足以防护雷电或开关过电压对微电子设备的冲击，进行内部系统的雷击浪涌防护和加装 SPD（电涌保护器）是迫切的和必需的。

本设计主要内容为：（1）所有通信机设备线缆整理、打标签、平面图、走线图、设备明细表等设计绘图。（2）110KVA 变电站：电源系统雷电浪涌防护、远动信号端口浪涌防护。（3）110KVB 变电站：更换电源柜、增加接地铜排、电源系统雷电浪涌防护、串口信号端浪涌防护。（4）农电所总站：接地改造、设置地线铜排、配线箱改造、增加防雷保安单元、电源系统雷电浪涌防护。（5）生产综合楼客服中心：增加直流电源配电柜、接地改造、增设接地铜排。（6）220KV 变电站：交流配电系统设计及改造，电源系统雷电浪涌防护、数据线防雷。（7）110KV 变电站：电源系统雷电浪涌防护、数据线防雷。（8）220KVC 变电站：交直流配电柜的设计制造、接地线的引入、电源系统雷电浪涌防护、串口信号端浪涌防护。（9）110KVD 变电站：增加交流配电柜、引上接地铜排、电源系统雷电浪涌防护、信号端浪涌防护。（10）110KVE 变电站：交流电源系统雷电防护、信号端浪涌防护、接地均压环处理。（11）旧供电局：地线引入、增设接地铜排、电源系统雷电浪涌防护、信号端浪涌防护。（12）供电所：电源系统雷电浪涌防护、信号端浪涌防护。（13）供电大厦15楼交换机房：交流电源系统雷电防护、接地均压环处理。（14）供电大厦16楼通信主机房：地线引入、增设接地铜排、电源系统雷电浪涌防护、信号端浪涌防护。

随着通信技术、计算机技术、信息技术的飞速发展，今日已是电子化时代，日益繁忙庞杂的事务通过高速电脑、自动化设备及通讯发展得到井然有序，而这些敏感电子设备的工作电压却在不断降低，其数量和规模不断扩大。因而它们受到过电压特别是雷电袭击而受到损坏的可能性就大大增加。通过我们为电力通信机房及二次变电系统防范雷害、保障系统安全运行等工作方面，本着"经济、实用、高标准、高起点、高可靠性"的原则，所做出的大量艰苦、细致的工作。我们根据防护现场的实际基础环境情况，及进行保护的工艺设备情况的要求，做了卓有成效的研究工作。

第四节　电磁场与电磁波在电子通讯中的应用

电磁场的作用产生了电磁波，而信息可以通过电磁波为载体进行传播，现如今我们所使用的一切电子设备通讯功能都离不开电磁场与电磁波。电磁场与电磁波推动了通信技术的发展，通信技术也促进了电磁场与电磁波的进一步研究，可以说他们是相互影响的。本节将对电磁场与电磁波的基本作用原理以及通讯中的用途和应用方式进行研讨，希望可以为通信行业的发展做出贡献。

电磁场与电磁波从被发现到证实再到现如今的应用可以说是经历了漫长的历程。现在生活中的一切基本都离不开电磁场与电磁波，我们所使用的通信方式大多都是电磁波通讯，电磁场与电磁波对于现在的信息时代极为重要，它提高了信息传递的速度、效率和准确度，所以说，我们有必要对电磁场与电磁波对信息传递的应用进行进一步研究分析。

一、电磁场与电磁波的概述

（一）电磁场与电磁波发展历程

电与磁。英国科学家吉尔伯特最先发现了电和磁之间有着密切的关系，但由于当时技术的限制，他只能发现现象而无法对其本质进行进一步探究，但是这个发现却为之后的电磁研究奠定了基础。

法拉第对电磁学的研究。继吉尔伯特之后，法拉第进一步对电磁之间的关系进行研究。他通过实验的方式，将磁棒插入导线圈产生了电流以此证明了电与磁之间的关系。为之后得出位移电流等概念奠定了基础。

麦克斯韦与电磁场。在以上科学家、学者做出贡献的基础上，英国物理学家麦克斯韦经过不懈努力后，测出了电磁场的存在，并发现了电与磁的宏观基本规律，并且建立了电场、磁场的偏微分方程组，这其中也包含了电荷密度、电流密度的关系。由此，电磁场与电磁波的完整理论正式建立起来，并且在不断发展与完善。

（二）电磁场与电磁波的关系

电磁场的基本概念。所谓电磁场其实是一种带电物体产生的一种物理场，这种场会使处于场中的带电物体产生力的作用。电磁场是电场和磁场随时间互相因果转化产生的，磁场是由移动的电荷或电场产生，而电场中磁通量的变化又产生了电流。所以电磁场的产生方式有两种：有加速度的带电粒子产生；也可由强弱变化的电流产生。

电场与磁场的作用方式。电场的作用方式表现为对在电场中移动的电荷做功（即电场的能量）而磁场的作用方式表现在对放入其中磁体产生力的作用。

电磁波。电磁波是电磁场的一种表现形式，电磁场以光速传播产生了电磁波。本质上来讲，电磁波是由电场和磁场在空间中相互垂直衍射放射的震荡粒子波，三者相互垂直。电磁波的传播速度为光速，无须介质。因为电磁波是横波，当其能阶跃迁过辐射临界点，便以光的形式向外辐射，此阶段波体为光子，电磁波按照不同的频率分为：无线电波、微波、红外线和可见光等。并且光的波长越长，频率也就越低，而光是由放射源产生的，放射源温度越高，波长越短。电磁波辐射的原理便是电磁场会以一个点为中心向四周移动形成电磁波，在较高频的电磁波的震荡过程中电与磁的转换极为快速而无法收回全部转换过程中产生的能量而损耗能量，丢失的能量会扩散出去，这就是电磁波辐射原理。

二、电磁场与电磁波在通信系统中的应用简介

（一）应用方式

电磁波广泛应用于通信行业，主要应用于移动通讯、微波通讯以及卫星通信。

移动通讯。第一代通信技术采用的蜂窝移动通信技术，但随着用户的增多和用户需求提升，随之发展起来的传输技术取代了蜂窝技术，这就是第二代移动通信技术。这两代技术为通信技术的发展起到了重要的基础作用。第三代通信技术（即3G）在上一代基础上大大提高了传输速度，此外还与互联网结合，实现了较为全能化的通信技术，这使人们的出行通讯变得更加便利。此时三大电信运营商主推了WCDMA、CDMA2000和TDSCDMA。这使电子通信技术不仅使无线频率的利用效率空前提升，而且通信速度也更快，同时还能支持各类多媒体功能的服务。而如今的第四代通信技术（4G）进一步提升了传输速度，速度达到100MB/s，也优化了无线频率应用效率，完美与网络相结合。相比第三代，第四代还添加了频率转换这一功能使得通信技术更为便捷。5G通信技术的标准制定权近年来被多个国家争夺，我国自然也不甘落后，可以预见，未来的5G通信系统中，电磁场和电磁波的应用水平会进一步提升，功能和配置也会进一步完善，这必将给用户带来更好的移动通信体验。

微波通讯。电磁波在微波通讯中发挥了极大作用，电磁波通过传送载体的方式来实现信息传递。在微波通讯领域中所使用的电磁波波长通常在0.1毫米到1米之间，微波通讯是直接以电磁波为传输介质，因为微波波长小、频率高，所以其传播效率高、容量大、质量好、传输损耗小、抗干扰能力强。但也正因为微波因为波长较小的缘故，所以在传输中很容易遭到

物体阻碍，而这会致使通信质量急剧下降。因此为了加强微波的传输作用，现实中一般会采用接力传输的方式，即每隔一定距离就设置一个微波增强装置，通过对微波信号的增强来弥补中途传输的消耗。因此微波通讯多用于通信网，以及军事通信领域，是一项高效的传输技术。

卫星通信。卫星通信最早起始于二战，电磁波与电磁场的技术因此得到了广泛的应用，从 1958 年美国第一颗服务与通信技术的卫星发射，到 1964 年卫星导航的问世，再到 1969 定点同步卫星的成功发射，卫星通信开始被世界认可并成为重要的通讯方式。在中国，卫星通信也是得到广泛应用。从 20 世纪 70 年代发展到现在，中国已经和 200 多个国家通过卫星通讯展开了通讯业务。卫星通信系统是由三个轨道形成，根据不同的位置与高度分为低轨道卫星、同步卫星、高轨道卫星，卫星系统的相互配合传输不仅提高了电磁信息的传递效率，还增大了卫星覆盖面积。我们出行所使用的导航、天气预报以及新闻都是卫星通信技术所给予的。而这正是基于电磁场与电磁波的理论应用与技术发展。

（二）传输原理与关键技术

电磁波传输原理：不论是微波通讯还是卫星通信，其都是以电磁波作为信息载体进行传播，而电磁波正是由电磁场的定向移动形成的。电磁波以光速在空气中携带信息传播，在传播过程中由于滤波器的影响会造成滤波作用，这样可以对电源线中特定频率的频点或该频点以外的频率进行选择滤除，得到一个特定频率的电源信号，或消除一个特定频率后的电源信号。由于微波的频率极高，波长又很短，故在空中的传播特性与光波相近，也就是直线前进，遇到阻挡就被反射或被阻断，因此微波通信的主要方式是视距通信，超过视距以后需要中继转发。所以通信时，需要每隔 50 公里左右，就设置一个中继站，将电磁波放大转发而延伸，这种通信方式，可以经过几十次中继而传至数千公里仍可保持很高的通信质量。

关键技术 (MIMO)：该技术是指在发送机和接收机之间采用多个无线收发器来建立多个信道通道，从而能够在不增加带宽的情况成倍改善 UE 的通信质量或提高通信效率的技术，MIMO 技术的主要作用有两个：一是通过为系统提供空间复用增益来提高信道容量，二是提升空间分集增益来防止信道衰落。随着移动通信技术的不断进步、技术标准不断更新发展、用户需求的不断增加，4G 系统终将会被取代，而 MIMO 数据传输速率理论上可以提升到每秒千兆比特，这也为 5G 技术的开展奠定了坚实的基础。5G 技术大量应用了单位比特消耗 MIMO 技术，但是在目前的小区蜂窝天线配置模式下，MIMO 传输系统会出现频谱和功率提升的问题，为此，通信工作者提出用大规模陈列天线替代蜂窝天线，由此形成大规模的 MIMO 无线通信环境，来改善相关问题。

通过上文所叙述的内容可以看出如今的各种通信技术都离不开电磁波，而电磁波的本身便是由电磁场产生的，电磁波通信的发展离不开先前科学家对电磁场等基础理论的研究，所以说今天的科技世界是科学家们打下的基础，前沿的科技是以严谨的科学理论为基础，所以我们要加强对以电磁波电磁场为例的基础科学的重视，用科学带动科技不断发展！

第八章　电子通信技术应用发展与创新

第一节　电子通信设备的可靠性设计技术

在信息化技术迅猛发展的新形势下，电子通信设备随着人类需求的提升而日益增多，产品的样式也日趋多样化，如此便要求提高电子设备的产品质量。而在电子通信设备的可靠性技术分析的过程中存在诸多因素能够影响电子通信设备的可靠性。因此需要对其因素进行分析并提出相关保障措施，以便提升电子通信设备的可靠性。

电子通信设备在全球经济一体化以及电子通讯产业的带动下得到了广泛运用。随着电子通信设备不断更新换代，越来越多的人对设备的可靠性提出了较高的要求，因此有必要对电子通信设备的可靠性设计技术进行分析和研究。

一、电子通信设备可靠性设计的必要性

当前，电子通信设备已经在社会上得到了广泛应用和深入发展，为了保证电子通信设备的使用效益，对其进行可靠性设计至关重要，并不断强化设备整体质量。随着我国科技发展水平的持续提升，电子市场中存在的大部分电子通信设备均具有智能化、便捷性和性能多元化特点。要想保证电子通讯设备具备较高的可靠性，就必须及时优化和更新电子通信设备内部各元器件，尽最大可能将其元器件的功能充分发挥出来，这是实现可靠的电子通信设备的关键环节。通过对电子通信设备进行可靠性设计，满足了消费者的使用需求，使得电子通信设备拥有更为广阔的市场发展空间。

二、影响电子通信设备可靠性的因素

生产条件不能达到要求。电子通信设备对生产厂的设备状况、生产技术、生产能力和管理水平都有着很高的要求，但是部分生产厂家生产设备陈旧、生产技术落后、生产能力和生产管理水平比较低下，所生产的元器件不能达到产品的生产工艺要求，造成了符合可靠性设计的电子通信设备在可靠性上不能达到设计要求，电子通信设备的可靠性不能得到体现。

外界环境的因素。电子通信设备具有耐用、高质量等优点，是高端科技型产品，其有较好的可靠性设计技术，虽然其质量较高，但是对于外界环境的伤害也是无法阻挡，在使用设备时，如果受到外界的重大损伤或者是使用时间超限就会出现一些问题，进而影响到其自身的可靠性，让设备的作用和技能无法和以前一样，让可靠性设计技术受到束缚，限制了电子通信设备发展。

机械条件的因素。机械条件也是影响电子通信设备可靠性设计的一个重要因素，人们在使用设备时，设备损坏的现象也常有，设备内的电子元器件因为受到损坏，导致其无法继续发挥出其应有的功能及作用，对用户的使用造成影响，会无法正常使用。而设备损坏的原因中，有很大部分是因为用户自身原因造成的，他们对设备不在意，在使用之后就随意丢放，让设备出现摔坏或者是进水等问题，这些都是不能避免的。除此之外，用户在使用设备中，还会因为一些外部因素让设备受到震动及冲击，进而影响内部的元器件，导致其受到损坏，无法发挥出其正常的作用和功能。让设备不能正常使用的原因有很多，如金属物件损坏、元器件的结构出现变形问题等，让设备的可靠性也受到影响，影响了设备的使用寿命，限制了设备可靠性设计技术发展。

三、提升电子通信设备的可靠性设计措施

科学选用电子通信设备的元器件。实际选择电子通信设备内部元器件过程中，要充分了解和掌握设备的电路性能及工作现场状况等。实际选择的电子通信设备内部元器件必须与相关质量标准及技能要求相一致，对电子通信设备内部元器件种类规格予以一番精简，避免生产厂家过多的干预，延长电子通信设备内部元器件的使用寿命。通常情况下，所选择的电子通信设备内部元器件在达到设备作业要求后，接下来要从可靠性角度再次进行选择，从而保证电子通信设备的整体可靠性；对于一些品种一样但规格各异的电子通信设备内部元器件，必须深入分析各元器件之间具体的差距，以此选择最为优化的电子通信设备内部元器件。电子通信设备运行过程中，还应充分掌握其元器件的总体性能及可靠性等有价值的数据信息。如果必须要选择低成本的元器件，那么在实验条件允许的情况下需要设计简单的开发板，对所替换的器件进行一系列可靠性实验。

降额设计。电子元器件都有自身的额定值，比如：额定电压、额定电流、额定功率等指标，而我们在设计时必须要考虑元器件自身的这些指标。因为导致电子通信设备内部元器件或设备出现异常的原因一般和电子通信设备内部元器件或设备的降额设计存在一定的关系。如果元器件或设备实际承担的工作应力要比自身的额定值小，那么元器件或设备将很少发生异常问题，这样元器件或设备就会存在较高的可靠性。如果元器件或设备实际承担的工作应力要比自身的额定值大，那么元器件或设备运行中极易发生故障问题，毫无可靠性而言。因此在电子通信设备的可靠性设计技术的分析研究中，应高度重视降额设计这一环节。

设备的耐环境设计。在气候环境因素中，潮湿、盐雾和霉菌是最常见的破坏因素，对这三个因素的防护统称为三防，三防设计内容包括材料和加工工艺的正确选择、结构的合理性设计、使用应力的计算、防护体系的有效合理的选取。对于电子通信设备在生产、运输、工作过程中受到的震动、摩擦、冲击等机械应力应当采取有效的防护设计。有效的设计方法可以分为消除和减少震源、对震源隔离和去谐。另外还可以采取去耦、阻尼、刚性化等方法来有效的抗冲击和抗震动。选取相应的耐腐蚀、抗变异的材料进行生产，同时做好设备的隔离、防湿等工艺防护措施，使电子通信设备的耐环境性能得到提高，使设备的可靠性得到增强。

另外，谈到气候，设备使用的地区也是设计师必须考虑的问题，因为不同的地区设备所承受的温度是不同的，我国的东北地区在冬季的极低气温可以达到零下四五十度，这就要考虑到设备所使用的器件是否能够经受得起这样的一个温度，某国际品牌的手机在北方的冬季经常自动关机就与其所使用的电池耐低温差有关，所以我们在考虑气候的时候不仅需要考虑到三防问题，气温问题也必须考虑。

电子通信设备的电磁兼容设计。电磁兼容是设备必须考虑的问题，我们所设计的设备不仅需要防止其他设备对自身的干扰，还要尽量降低其对其他设备的干扰，这就涉及设备的干扰与反干扰的问题。在电子通信设备的可靠性设计技术的分析研究中，应充分考虑各设备间或各元器件间不会应电磁感应而发生运行异常问题。通过实例分析电子通信设备的应用，对电子通信设备进行接地设计过程中，若接地设备只有不到 1MHz 的频率，那么就要考虑以单点接地的方式为主，从而规避由于环路因素而导致其电磁兼容不稳定。在敏感设备方面，应通过自动屏蔽电磁干扰的方式顺利完成屏蔽设计等。

简化设计。可靠性设计过程很复杂，在这个过程中需要不断的降低复杂性函数，这就需要在进行可靠性设计时，在与设备基本性能需求相适应的前提下，不断的降低优化流程，进行简化设计。在简化设计时，要减少线路通道，要实现这一点就需要让一个器件或电路元件可以同时供多个通道使用；其次，需要在确保基本设计要求及使用功能的前提下，尽量将器件的类型和个数进行简化，减少数量和类型，逐渐朝着集成电路的方向发展，以此来降低接点数及连线数，实现设计优化；再次，要逐渐转换系统，从硬件系统转变成软件系统，利用软件去替代硬件的一些功能，实现简化设计；再逐渐实现电路转变，将模拟电路转变为数字电路，这可以有效提升电路可靠性，在设计中需要以最优化设计为指导原则，总结为一句话就是用尽量少的元器件实现最强大的功能。但是，在设计中还需要注意，不能为了减少元器件数，就增加其他器件的承载能力，减少设备的基本性能，在转变系统时，不能直接使用不成熟的软件系统，部分关键性器件也不能直接使用，避免设备可靠性受到影响。

综上所述可以得知，当前时期下电子通信行业存在着如下发展现状，如：电子市场在未来国际市场中将是发展最好的一个市场、电子通信设备的应用范围逐步扩大等。对此，应该确定好电子设备的可靠性技术支撑的基本目标，从而更好地促进电子通信设备的可靠性，提高其可靠性技术水平。

第二节　电子通信行业的技术创新探析

随着我国市场经济的高速发展，我国电子通信行业整体上有了极大的进步，而且在未来还有很大的空间。电子通信技术改变了世界，改变了人们的生活方式、工作方式、思维方式。可见，电子通信技术与我们的世界息息相关，需要不断地创新和完善，才能够全面推动社会的进步，进而为人们提供更好的电子通讯服务。

电子通信技术在人类发展与进步的历程上有着非常重要的作用。目前，电子通信技术涉及很多领域，例如：教学、医疗、学习、军事、航天航空等等方面，基于此，国家应该高度重视通信技术的创新，同时还要紧密关注电子通信行业在国际上的走向，这样能够结合实际的需求，将研究重点放在核心技术方面，而且保持着长远的眼光，不要因为创新规划的失误而失去了占据行业优势的先机。本节笔者结合相关资料，对电子通信行业的现状进行了分析，并对电子通信行业的技术创新策略提出了一些浅见，希望能够对大家有所帮助。

一、电子通信行业的现状

电子通信行业在我国发展的发展与壮大是大家有目共睹的，尤其是最近几年，呈现高速发展的趋势，各方面技术日新月异，逐渐朝着高端通信行业发展。我们所熟知的华为、中兴以及大唐等等大企业在国际上也具备了一定的竞争实力。特别是在4G时代，中国4G用户以快速发展的态势很快超过了3亿用户，占据世界用户数量的1/4。由此可见，我国在电子通信行业上的发展形势已经与国际水平非常接近。另外，互联网通讯也取得极大的进步，在技术上有所突破，呈现出瞬息万变的态势。虽然我国电子通信行业发展取得了一定的成果，但是我们必须看到我国电子通信行业在技术创新方面存在一定的问题，最为突出的就是核心技术方面还没有完全地掌握与突破，缺乏对应的支持。例如：核心人才的缺乏、科研经费的缺乏、技术环境氛围的缺乏等等，从这些因素我们能够看出我国电子通信技术想要在短时间之内取得完全突破难度还是非常大的。

我国虽然是世界大国，但是电子通信行业发展与发达国家相比起步很晚，这就决定了我们的电子通信技术在硬件创新方面有着"先天性"缺乏，因此还导致很多软件技术也难以得到突破。在看看国内环境，我国东部经济发达，而西部则稍显落后。因此，东部在技术创新与氛围方面都显得更强，而且能够吸引更多的优秀人才；西部通信行业的发展则必然会面对人才、技术、资金方面的缺乏，我国也意识到了这一点，并且出台相关的政策予以扶持，但是落到实处则因为各方面的影响不尽人意。所以，国内电子通信技术呈现出东部无序发展，西部发展滞后的局面，而这些现状也必然成为影响我国电子通信技术创新的主要因素。

二、电子通信行业的技术创新策略

加大政府的支持力度。基于我国基本国情，国内任何一家产业，任何一项技术，倘若要发展与突破，必须要有国家政府的支持，反之则难以得到发展。而电子通信行业的发展以及技术方面的创新，更离不开国家的支持。通常来说政府的支持主要体现在这些方面：①政策上的支持；②资金上的支持。政策上的支持能够帮助通信行业营造更好的发展环境，资金上的支持则能够为电子技术创新带来极强的动力。国内虽然有很多经济实力很强企业，但是为某一个电子通信技术创新项目持续给予大量的资金支持，还是非常有难度的。政府通过政策与资金的双重支持，能够更好地协调各方面的资源，使其行业内关于某一个技术创新资源或者机构形成合力，从而实现技术上的突破。因此，政府需要发挥好引导者、协调者以及间监察者的作用。

加强核心技术创新动力。任何一个行业一个企业的发展，其推动力具有非常重要的作用，而电子通信技术创新之中的推动力就是创新元素。因此，在发展电子通信行业的过程中，第一步必须要做好基础性技术工作，步步为营，然后再不断寻求技术上的突破，从而实现创新。加强核心技术的创新动力，可以增加科研资金，为核心技术的研究提供一定的经济保障，结合核心技术的特点，有针对性培育更好的高素质专业技术人才。同时，还需要采用灵活多变的选拔机制，吸引更多的行业优秀人才，针对当前电子通信行业的关键技术设立对应的研究小组，不断提升研发力度，以求能够实现突破。毋庸置疑，掌握一门核心技术，必然能够让企业在该行业中占据极具优势的地位，核心技术的创新，主要包括了硬件与软件方面的创新，设备与软件开发一定要同步进行，这也是电子通讯企业内部的两大基柱，对于提升企业核心竞争力、产品创新等等方面都具有非常重要的意义。

尽快建立并完善统一技术标准。一个行业中的技术标准往往能够决定该行业的发展程度，而国内电子通信行业还没有统一的技术标准作为支持，应该尽快建立与完善。建立统一的技术标准的过程中，能够充分彰显政府在当中的带动与支持作用。在政府的支持与引导下，能够将电子通信行业之内的企业、公司、科研机构、运营商组织起来，经过协商制定统一的标准，并且在实践中不断完善，这样就能够生产出更好的商品，而且还能够为电子通信技术创新营造更好的氛围，为人们提供更好的电子通讯服务。

建立科学合理的优才计划。核心技术对于我国当前电子通信行业的发展来说至关重要，要想拥有核心技术必须要有核心技术人才，而当前对于我国电子通信行业来缺乏核心技术人才是一个非常大的问题，对正在学习的学生来说也是一个更大挑战。因此，电子通信行业内的企业应该建立科学合理的优才计划，有针对性的加强培养，促进自主学习与自主完善能够形成良好的循环体系。不仅要给他们提供更多的学习平台、培训机会，还应该适当提升福利待遇，从而更好地吸引人才、培养人才、发展人才、储备人才，为电子通信行业技术创新提供源源不断的人才。

综上所述，我国电子通信行业发展虽然取得了骄人的成绩，但是在技术创新方面，尤其是掌握核心技术方面还存一定的问题。为了能够让电子通信行业未来有更好的发展，需要政府的全力支持，对行业内部相关资源进行全面协调，加强科研经费的支持，制定科学合理的制度，从而吸引更多人才，实现对技术的创新与突破，从而推动整个行业的进步。

第三节　电子通信设备的接地技术

在电子通信设备中应用接地技术的主要目的是为了预防和制止触电事故的发生。所以，应合理地利用接地线让电子通信设备与大地进行连接，这样就会呈现一个回路的状态，从而有效防止静电电流、漏电电流或者是雷电电流的产生。此外接地技术不仅能避免触电事故，而且也可以消除静电，排除磁场对电子通信设备的干扰，进而减小电子通信设备故障的频率。

本节将对电子通信设备的接地技术进行分析。

一、关于接地技术的研究和分析

接地方式。接地方式主要分为两种类型：①分散接地；②并联接地。分散接地主要是指电子通信设备通过与其他设备配合，利用分离方式来进行系统性的接地处理，这种接地方式会不断地增加接地系统，并减少电子通信设备在运行时存在的安全隐患，而且，它也能加强电子通信技术的抗干扰力。并联接地则是在分散接地的基础上，而展开的一种接地方式，由于并联接地不能形成回路的状态，因而，磁场很难对电子通信设备产生干扰。

接地方法。一般情况下，电子通信设备存在两种接地方法：①直流悬浮法；②直流接大地法。直流地悬浮法的特征主要为：接地线在应用的过程中，并不与大地直接接触，而是形成一个独立的点，这是因为该方法可以预防接地线对电子通信设备的干扰。而另一种方法直流地接大地则是将通信设备中的数字电路的等位地同大地直接相连，从而减少电路混合，这样就能减少外界因素对电子通信设备的干扰。但是该方式的电阻必须低于4Ω，否则，电子通信设备会产生大量的问题，进而产生静电现象，甚至导致电子通信设备受到强烈的干扰。

二、关于接地技术在电子通信设备中应用的分析

（一）干扰的成因与抗干扰方法

干扰的成因。一些专业技术能力不达标的工作人员，在对不熟悉的电子通信设备进行接地设置时，会按照普通设备接地方式进行处理，将导电的物体与地面相互连接。但是，对于专业的人而言，却不是如此，因为专业的人员充分地了解电子通信设备干扰的成因，并知道这种干扰属于共模干扰，共模干扰中包含射频、尖峰等因素，这些因素会强烈干扰电子通信设备的运行，如果不完全将这些因素排除，电子通信设备则会受到不良的影响，甚至会出现逻辑混乱、通信混乱的现象。而当电子通信设备正常运行时，导线的压差必须要降低，并保持一定的范围内容。因而，当电路中大负荷的电子通信设备在正常运行时，如果接地线不合标准，则导线会受到内阻，这样影响电子通信设备的干扰就形成了。

抗干扰方法。要想有效地防止电子通信设备受到干扰，让电子通信设备具备一定的抗干扰能力，相关工作人员在利用接地技术时，就要降低接地线的阻力。将电感与电阻合理的组成在一定，进而使其底线阻抗，并且，由于在较低频率的电路中电阻起着主要的作用。因此，电阻在一定程度上也就属于一种抗干扰方法。尤其是直流电中的电阻。所以，我们必须要保证接地线的材料和长度符合电子通信设备的需求，只有接地线的面积越大，电阻才会越小。另外，同时进行交流电的过程中，电流会集中在一个地方，专业电阻就会增多。因此要想合理的控制电阻合的大小和接地线的面积，就要遵循相关的公式进行计算，并在实际的工作过程中，将接地线与铜片结合，进而降低干扰的效率，这就是抗干扰的主要方法。

（二）接地技术

如果相应合理的正确的在电子通信设备中应用接地技术，相关工作人员就要掌握接地技

术在电子通讯中应用时的种类、方式等。

接地种类。通常情况下，电子通信设备中的接地种类形式多样，因此，相关人员在接地技术时必须要提前对现场进行研究和调查，根据实际情况选择接地种类，这样才能制定出科学的接地方案，并有效的实施在接地过程中。比如：工作接地、模拟接地、保护接地等，无论采用哪种接地，都要注意以下几点内容：①接地线的场长度要控制 1/4；②防雷接地系统要是与电子通信设备共用一个接地体时，接地电阻一定要小于 1。

接地方式。对接地方式的类型分析可得知，接地方式分为并联接地和分散接地两种，为了达到理想的接地效果，相关工作人员通常会选择分散接地这种方法，这种方法不但可以形成回路，也能降低电子通信设备的干扰力，并且能避免意外事故的发生。但并联电路不仅无法为电子通信设备提供相应的保障，设计过程也十分复杂，相关工作人员进行并联接地过程中，将会耗费大量的人力以及物力，并且若是在接地中出现失误，将会影响整个接地工程的质量，从而严重影响到电子通信设备的正常运行。因此，为了给相关部门减少不必要的麻烦，接地人员应尽量选择分散接地的方式。与此同时，由于高层建筑物不断地增加，接地方式存在的安全隐患也就越大，这样，电子通信设备就会存在一定的弊端，所以很少有人使用并联接地方式。

接地方法。对于电子通信设备影响最大的就是接地方法，一旦接地方法存在问题，电子通信设备就会受到干扰，无法正常运行。因此，在应用接地技术时一定要选择正确的接地方法。接地方法主要分为直流地悬浮和直流地接地。当在电子通信设备中应用直流地悬浮时，相关人员一定要采用合理的方法严格绝缘，否则，电子通信设备中的电路与交流电就会连接在一起，从而形成电压干扰的现象。因此，为了预防电压干扰，并确保两者处于分离的状态，相关工作人员一定要采用形式多样和先进的科学技术，控制两者之间的距离，并对其进行监测，只有充分做好接地线的准备措施，才能避免触电事故的发生。

（三）减少地环路的干扰

虽然现今出现了很多新型抗干扰技术，然而这些技术在进行抗干扰过程中，会产生环路，而环路则会产生一种新型的干扰现象。因而，工作人员要深入研究地环路，合理的利用共模扼流圈，光电耦合器等器，提升电阻的平衡力，这样，接地线才能承受更多检验。尤其是电子通信设备在运行的过程中，电流耦合会通过一些系统的控制和定位，导致放大器出现自激状况，最终影响电子通信设备的使用。所以，为了确保电子通信设备能正常运行，并具有一定的安全保障措施，相关工作人员一定要合理的选择接地线，确定接地线的位置和数量，从而满足电子通信设备与大地进行相连时的需求，并且排除影响电子通信设备运行的因素。这不仅符合电子通信设备的接地技术要求，也大大提升了接地技术的使用效率。

总而言之，相关部门要利用接地技术减少影响电子通信设备的因素，相关部门一定要加强对工作人员的培训，使其掌握正确操作接地技术的方法，并在保证工作人员生命安全的基础上，合理地展开电子通信设备与大地之间的连接工作。与此同时，相关部门一定要对工作人员加强监督和管理，采用合理的方法转变电子通信设备系统的运行状态，制定科学的方案，提出具体的设计，将其实施在实际的工作过程中，这样才助于接地技术在电子通信设备中的应用。

第四节　电力电子通信设备及技术

信息时代的发展，使得电子通信系统发展的更加完善，在设备、线路以及技术上也进行了较为详细的分类。随着通信系统发展趋势，传输干线数量也逐步地增加，有效的提升信息传输的质量和效率，然而这也对电网控制以及调度工作加大了难度。我们将通过对电力电子通信设备及技术进行深入的研究，对通讯系统的运营机制进行探讨，有效的攻克这一难题。

电力电子通讯产业在社会经济发展中起着至关重要的作用，它已经给人们的工作和生活带来许多的改变，正逐步地成为国民经济发展的基础。同时电子技术也在不断的创新中，随着各种新型通信设备和技术的不断增加，通信行业的内部结构也有了更为细致的划分。在社会的要求下，深入的研究各类设备和技术，使设备的使用效率得到显著的提升，为通讯事业的健康发展做贡献。

一、电力电子通信设备及技术分析

微波设备及技术分析。在通信系统中，微波站是极其重要的。微波设备具有多种型号，其具体设备和功能都有不同之处，我们可以把它分为两类。

其中一种是收发信机设备，该设备通过对信号频率的转换来体现其功能的。收发信机可以识别信号在一些通道中传递的不同频率，对大小不同的频率对信号进行处理，可以实现微波信号与群路信号之间的互相转换。设备自动地将群路信号转化成微波信号，这种是系统需要上调频信号率；相反的情况微波信号被设备转换成群路信号，信号频率的调整就是通过这种方式来调节的。

还有一种就是终端机设备，微波站中的主要设备就是终端机。信息的发送时，将各类信号按照一定的规律排列起来至发送端口处，把一些分散的信号组合并转换成群品话路信号，信息接收端口需要的是信号的还原，与发送端口正好相反的操作，根据其逆向的规律接收信号。

载波设备及技术分析。载波通信是由调制系统、载供系统、自动电平调节系统、振铃系统以及增音系统五部分构成。

载波机的构成及功能分析。电力载波机有调制、载供、自动电平调节和振铃四个系统组成。载波机也是多种多样的，不同型号的载波机构造原理也就不一样，在实现方式上也就不同。以其中的调制系统为例，其结构及功能是：双边带载波机经过初步的调试以后，上下两边带会分别加载不同的信号，使原始的信号被传达到线路频谱内。单边带载波机的功能与双边带截然不同，其会对信号的加载产生阻碍。

自动电平调节系统的结构及功能如下：双边带载波机运行过程中可以完成对载频的检测，检测结果能够反映出通讯通道内的变化，同时这种方式实现对载波放大器收效的控制，进而完成对电平波动的控制。而对于单边带载波机而言，其运行过程中会自动调节中频，在发射端的作用下，中频条幅器会接收到中频信号，然后在高频条幅器的作用下，中频最终被传输到载波通路中。中频在正式被接收方接收以后，滤波器就开始发挥作用，主要是对信号进行过滤和选择，完成载频的放大。这些载频一部分会被中频条幅器接收，另一部分会被作为导频加工整合，然后对收发频道输送的强弱进行控制，最终实现对自动电平的调节。

振铃系统的构造及功能如下：振铃系统可以有效提升通讯过程的可靠性和效率。对于双边载波机而言，可以通过载频分量实现自动呼叫。对于单边载波机而言，其会在内部设置专门音频，通过音频来完成振铃。

音频架及高频架的构成及功能。载波设备在使用过程中，如果变电站与调度所之间距离很远，拨号的准确率就会明显降低，通讯质量也因此降低。为了解决这一问题，一般会在二者之间设置音频架与高频架，两种设备中间需要使用电缆器连接。实践表明，通信系统中应用音频架与高频架之后，拨号传输距离会明显缩短，通讯质量因此提升。同时，在这两种设备的辅助下，远端通路信号电平的控制和调节将会变得更加容易。

光纤设备及技术分析。首先是光端机，其在整个通信系统中占据重要位置，实际运行过程中为了避免光端机故障对通讯过程造成影响，一般都会设计一个备用方案，一旦出现故障，备用设备就会立即启动，保证通讯系统的正常运转。光端机主要由以下几个组件构成：一是光接收电路，功能是可以将脉冲信号转换为电信号，对这些信号进行放大处理以后，就可以发挥改善波形的作用，解决信号干扰的问题；二是光发送电路，用户电路在光驱信号的作用下会被转换为光信号；三是输入接口，普通信号在输入接口的作用下会被转化为二进制信号，方便系统处理和使用；四是定时再生电路，信号波形会在定时器的作用下保持稳定。通过以上分析我们可以看出，光端机针对不同部件会发挥不同作用。

其次是光中继机设备，如果传输距离比较远，通讯速度和质量就会受到传送功率与电路消耗的影响。因此为了提升接收信号的准确性，一般会将机电设备添加在系统中，主要是为传输机源源不断的补充能量，提升传送功率，降低电路损耗，提升通讯质量。

最后是数字设备，数字设备的基础是计算机技术以及数字技术，该设备主要由两部分构成，一是 PCM 基群，二是高次群复接设备，具体工作原理如下：通信系统运行过程中，PCM集群会自动编制接收到的信号，将其转换成数字信号。高次群复接设备会进一步对这些数字信号进行加工，将信号还原为模拟的话音，最终完成信号的传送。

第五节　电子通讯的预编码技术

现如今，随着电子信息技术的迅猛发展，作为一项关键技术，预编码在国内外掀起了科学研究的热潮。本节结合预编码的概念和我国现阶段的研究现状，对在国际上得以大幅度运用的 MIMO 预编码开展有侧重地分析，以便为电子通讯领域的预编码技术的发展和改进提供科学依据。

传统意义上的电子编码方式由于深受无线电通讯的物理作用影响，通过建设基站从根本上予以提高。然而，这种方式仅能使基站数量得到增长，投入成本较高，无法从源头上解决问题。基于此，分集技术的投入使用便会显著地增强电子通讯的发射速率与信号强度，经由单独的发射点位向若干个阵元传递通信讯号，分集该信号，加大信号接收的范围与强度，借助于阵列天线同步调整信号的传送、接收，这种系统便被称为多输入多输出（MIMO）系统。本节首先分析预编码技术在发展中的优势及缺陷，接着现今普遍应用的 MIMO 预编码及其相应计算方法。

一、预编码技术的概念

通常情形下，预编码技术可划分成两大类，基于接收端的由线性传送及非线性接受为主；基于发送端的有线性及非线性预编码。预编码经由线性完成接受，一般叫作 SVD 技术，这种技术可经 MIMO 系统多平面分解对应信道，最终大幅增加系统容量。这种方式的具体运用需依靠分配技术的援助，分解上述信道后，还应促使传送及接收信号可同每个小信道相互搭配。然而，这项技术的不足之处在于收发两侧的设备会因技术的独特性而无法及时、精确的处置编码与数据，使工作变得异常繁杂；又如信号所伴有的颗粒特性会直接造成通信信号受损，也就使通讯传输速度大幅降低。

二、预编码技术在电子通讯中的优势和缺陷

纵观世界范围内 MIMO 系统的运用已十分普遍，一般设计通信时几乎均需运用 MIMO 技术，该技术可提升系统运行的高效化，在对 MIMO 开展实践性应用的同时，需经反射和接收信号增强系数，进而选用适当的 MIMO 信道从格式上完善和优化码本。码本主要由矩阵构成，这一系列矩阵具备提供信号的优势，因此，MIMO 系统可转化 UE，最终产生出码本的形式，充分体现信道的参数。现今普遍运用的办法是把 MIMO 技术科学运用于电子通讯信道上，以便于调整业务信道同广播业务之间的关系。在预编码走向专业化的进程中，MIMO 技术也得到革新并被科学地使用。现如今，我国 MIMO 技术的研发已更趋于市场化，同时也在日益完善，我国研发的 TD-SCDMA 网络制式，在技术层面上为 MIMO 系统的进一步发展提供动力。

三、MIMO 的预编码及其相应计算办法

就当前而言，世界上应用广泛的 MIMO 和编码技术，本质上是线性预均衡，ZF 为基准的办法在技术革新中属相对简单的一个类型，其运行机制主要把 MIMO 全部可能遭到的干扰调整为零，该方案的缺陷较为明显：运行过程中的噪声偏大，降低了系统的功能。下文重点分析 ZF 线性预均衡及有限反馈 MIMO 线性预编码的计算方法：

（一）ZF 线性预均衡的计算办法

经由 ZF 基准可发现，其发射端的预编码信号是 x=Fa，在 F=βH-1 中，通过均衡矩阵 F 的分析，可得到 y 的数据，也就是：y=1/β（Hx+n）=a+1/β*n，通过下面的公式可知：β=，-k/trace（，H--1.*，H--T..），其中，β 作为缩放因子，可稳定地传递预编码的信号，这就是 x。

（二）有限反馈 MIMO 线性预编码的计算方案

这种设计思想主要源自于削减反馈信息达到信息互换性，全方位提升单向的传送速度。通常意义上，在旧式电子通讯传送系统中，发端收到外界的信号渠道比较单一，也就是说，信号经接收端流到发送端，如此单一化的信道方式显然无助于电子通信讯号的高效传递。实践表明，上下互联的上下行信道方可加快信号传送的速率。

就当前情况看，在国际上接受度较高的有限反馈预编码技术，其设计主要围绕两部分展开：码本构造预编码矩阵的选用；码本创建的技术。近些年来，伴随网络通信技术由有线到无线转变，电子通讯的设计标准也相应地出现变化，码本变换的方案也应被再次设计。需强调的是，因接收标准存有相对较大的差异，设计预编码的矩阵也需分步骤开展，必须依照不同的接收原则定义矩阵中的两点距离，具体运用还要周密分析接收原则。

从该方案的执行效果看，电子通讯的传送系统互换性不顺畅的问题取得改善，效果相对理想。从总体上看，预编码系统的设计需经过两个主要过程：首先，发端在由上行信道接收的反馈信号，需搜索相应的预编码矩阵，依照提前编制完成的预编码方案开展信号传送，进而完成设计预编码矩阵的工作，在这期间，矩阵的设计容量直接关乎收端信号的搭配度，共同决定发端信号传送的速率。所以，预编码矩阵在设计中的容量以有限反馈 MIMO 系统线性预编码作为中心环节。其次，对经由下行信道所传送的信号，接收端口要开展细致严密地检测，检测得到的结果一般会通过计算机网络系统自行传送到预编码矩阵的网络数据库管理系统中，同相应的矩阵加以搭配，搭配相符合的预编码矩阵便会通过矩阵库提取而来，并经上行信道反馈至发端，进而形成电子通信讯号的传送。

综上所述，MIMO 系统具有自身的优势特征，相较于电子通讯的预编码技术而言，MIMO 的实际运用异常关键。比较典型的例子是通过传统层面上的单个用户 MIMO 传送朝向多方向、多用户 MIMO 传送发展，再到更为前沿化的协同匹配型 MIMO 预编码技术。随着电子通信技术的不断革新与突破，MIMO 的运用范围必定会进一步扩大，特别是陈旧的 AN 技术向现今蜂窝技术的革新与转变，MIMO 预编码技术在其中的应用已日臻成熟，通信市场得以进一步扩大。

第六节　电子通讯的多途径抗干扰技术

当前电子通信技术在人类社会生活中应用广泛，为人们的生活带来了极大的便利，但是电子通信技术在应用过程中会受到很多噪音信号干扰。因此关于电子通讯的多途径抗干扰技术研究具有现实意义，从抗干扰电子通信技术的原理和特点分析入手，对于多途径抗干扰技术进行了详细深入的研究，并研究了电子通讯多途径抗干扰技术。

随着科学技术的不断发展，通信技术的不断完善，干扰和抗干扰的方法和手段也不断发展，本节对抗干扰通信的各种方法和手段进行了详细的论述。当前电子通信技术在人类社会生活中应用广泛，为人们的生活带来了极大的便利，但是电子通信技术在应用过程中会受到很多噪音信号干扰，因此关于电子通讯的多途径抗干扰技术研究具有现实意义。

一、电子通讯抗干扰技术的工作原理

从专业学术上来定义，电子通讯抗干扰技术是指一切对抗影响通讯正常运行的技术。这类装备和技术的作用是保证通信技术能够正常运行，消除电磁能和定向能控制对于正常通讯的影响，抵抗通信技术中攻击电磁频谱手段，提高通信技术对于噪音环境的生存能力，从而有效提升电子通信技术的运转流畅性。抗干扰技术工作原理是抑制干扰源发生的干扰信号切断干扰信号的传播途径，保持电子通信讯号传播不受噪音信号干扰。再者是抗干扰技术的实用性和可靠性较强，对于干扰信号的判断精确，对抗干扰的能力较强，能够解决电子通讯中面临的干扰问题，有效优化电子通讯系统的运行。

二、电子通讯常用的抗干扰技术

电子设备良好的抗干扰性为电子通信工程设备高效运行提供了保障，它与设备本身的运行效果、性能实现和操作人员的安全密切相关，随着电子产业突飞猛进地发展，各种功能和型号的电子设备不一而足，抗电子干扰性能也良莠不齐，如何最大限度地解决电子通信工程中的电子干扰问题，保障电子通信工程设备发挥其最大效能是该行业工程技术人员应该深入思考的问题。一点轻微的变化都能对电子通信造成很大的干扰。电子通讯抗干扰技术应用的目的是提升通信端口信号输出信干比，对于干扰信号能够迅速判断，提升正确信号的接受能力，保证通信系统能够筛选过滤传播信号。抗干扰技术功能实现是要借助于信息处理系统、信息载体和信息传播平台，当前电子通讯抗干扰技术更新较快，常用的抗干扰技术主要有以下几种：①实时选频技术，这种技术的工作原理是测量通讯传输渠道中的特点信号，由于经过电离层反射后到达的接收信号的频率不同，可以直接判定接收信号的质量，实现了通信设备信号换频的自动化切换，在信号传输条件优良的弱干扰频道上具有良好的效果。②高频自适应抗干扰技术，这类技术的优点是工作适应性较强，能够根据通信条件变化来自主调节抗干扰信号

设置，当前通信技术快速发展，对于抗干扰技术提出了更高的要求，高频自适应技术实现了频率调整、功率转变、传播速率调整自动化，有效提高了选频和换频过程中的通信讯号优化，具有传播条件优良的弱噪音信道上具有良好的应用效果。③高速调频技术，这是一种具有规律和速度跳变的抗干扰技术，在宽频带范围内进行信号跳变，其具有抗搜索性能强大的功能，系统频率射频频谱的取值范围较宽，再者是抗截获性能优良，系统能够保持信号发射端和接收端的调频图像一致性，并保持两个环节信号频率值相对应，高频调频技术是未来电子通讯抗干扰技术的发展趋势。④扩频技术，其在电子通讯中应用呈现了以下几个特点，首先是载波是随机性的宽带信号，其带宽相对于调制数据带宽更加宽泛，再者是载波的带宽比较宽，其接受过程实现了本地产生的宽带载波信号的复制信号与接收到的宽带信号相连接。

三、电子通讯多途径抗干扰技术研究

在当前的电子通讯环境下，提升电子通讯的安全性和稳定性是研究热点，抗干扰技术应用不仅要实现单台通信设备的抗感染能力，同时也应当采用多元化的抗干扰技术，将整个通信系统纳入到抗干扰系统中，提高对干扰信号的甄别和切断能力，实现工作信号的安全和通畅传输。

综合性信号处理抗干扰技术。在现代化的电子通讯体系中，信号处理要借助于通信设备和传输元件共同完成，综合性信号处理抗干扰技术应用实现了对多重信号的甄别和拦截，尤其是对于干扰信号采取多种处理方式，有效拦截干扰信号。在抗干扰信号处理系统中，高频脉冲噪音是最大的干扰因素，其影响了信号接收的准确性，对于信号处理系统产生误导，因此要优化电子通信系统就应当从系统跳频、扩频、混合扩频、自适应干扰抑制、数据猝发、伪信号隐蔽、前向纠错等方面入手，增强通信讯号的随机性和时变性，使得通信信号更加多变化，同时要根据电子通信讯号的传播要求随机设定速率调频和自适应调频，提升电子通信系统对于噪音信号的抗干扰能力。

天线和传播结合的抗干扰技术。电子通信信号传输要借助天线设施和传播路径来完成，无线通信系统中的节点是信号传输和接受的端口，系统中的中心和终端都是采用全向天线结构，这种结构保证了信号接收的全面性，能够将四面八方的信号直接汇总到接收机中，但是各类干扰信号也汇聚到中心台系统中。因此在天线接受和传播渠道中要设置抗干扰技术，通过天线自动信号调零和信号方位进行信号跟踪和甄别，甄别干扰信号的来源，通过不同方向的信号干扰比判断干扰信号的频率，并进行干扰信号抑制和切断。天线和传播结合的抗干扰技术实现了信号高宽调频，在信号多进制扩张的的基础上完成结构的自适应调频，有效抵抗了干扰引号的波动干扰，大大提升了单台电台设备的干扰能力。

抗干扰技术和对抗技术多途径应用。电子通讯抗干扰技术要采用对抗技术和抗干扰结合的技术方式，在发现和甄别扰信号源头的同时，也要向这一信号传播源发射干扰信号，实现电子通讯抗干扰和干扰一体化。抗干扰和对抗技术综合应用实现了通讯和干扰协调统一的目的，在整个通信系统中，信号发射借助于宽带射频天线，这种天线结构能够进行全向天线和

自适应天线模式的选择，宽带变换器能够进行信号接收和发生的切换，利用无线电信号处理软件可以对数字信号进行加工，并控制发生信号和干扰信号的功率，根据不同的电子通讯要求来选择适应的干扰方式，在对抗干扰信号的同时也发射干扰信号。抗干扰技术中的电子支援板可以对各类通信讯号进行侦查和筛选，为信号控制提供数据参考，实现电子通信讯号抗干扰功能一体化。

总之，当前电子通信技术多途径抗干扰技术发展要依托于微电子技术、计算机技术、网络通信技术，实现对干扰信号的甄别、截获、处理，强化对干扰信号的切断和反干扰能力，提升电子通信系统中信号传输和接受的准确性，同时要采用多途径技术结合的方式来优化系统抗干扰能力，优化电子通信设备的工作环境。

第七节　无线电通信技术对汽车通讯的影响

随着时代的变迁，各种通信设备不断地进步，必将对传统工业有所冲击和影响。而通信技术、汽车电子技术的发展亦是如此，传统汽车行业与通信技术的结合是必然趋势。本节将结合汽车的内部、外部，车间以及车路等方面，分析无线电技术对汽车通讯的影响。

一、无线电通讯与汽车构造之间的通信技术

人类正在将无线电技术与传统汽车行业有机融合。人们不再局限于通过电视收听音乐、听新闻、听故事。也能通过汽车收听电台节目以及电子书等功能。无线电技术的应用大大地增加了汽车的娱乐效果。提高了健康旅行中的娱乐性和舒适性。同时，也给旅途增加了乐趣，消除旅途的疲劳。随着汽车通信设备的不断改革，各类汽车无线电也越来越趋于人性化：清晰的语音识别功能，强大的娱乐设施以及快速合理的信息定位使汽车与无线电技术的大门正在逐渐打开。

二、无线电通讯对道路行驶的车辆的影响

车载雷达。车载雷达主要是防撞雷达，随着人们生活水平的提高，人们对车辆的需求也在逐步地增多，而随之带来的是每年的交通事故也在持续的增加，给人们的健康旅行带来了很大的烦恼。而车载雷达的出现大大减少车辆相撞的肇事概率。车载雷达通过对前方进行扫描，将扫描到的信息及时的传送给驾驶员，帮助驾驶员做出正确的选择，有效地避免车祸的发生。

电子导航系统。电子导航系统对汽车行驶过程中的影响在于更加的快捷和准确。电子导航系统到过 GPS 全球定位系统从庞大的交通网络中选择出一条由起点、终点，要经过的途径点和需要避开的途径点，自动生成一条路线，用最少的时间到达目的地。并且会全程语音提示确保驾驶员的安全。当遇到交通拥堵时，电子导航系统会重新规划线路，快速整理出下一条线路，并且准确地到达地点。

车载 Wi-Fi。汽车与汽车之间的通信技术也是靠无线电通讯来建立的。两车之间是由无线

电接收装置来传达信息的，当车行驶在一个相对狭窄的范围内，人们不能很好的注意周围的环境，无法确定周围的车辆的数量、大小、位置的时候。此时就可以利用车载 Wi-Fi 对周边的车主进行视频或者语音通话，避免发生意外。此外，车载 Wi-Fi 还可以根据通信的距离划分。车辆通信网络其中包括车域网和车辆自组网两大类，其中车域网的使用是通过使用传感器、电子标签等，与移动车辆之间建立局域网，并通过车载网络接入周围的无线广域网。移动自组网络是在交通道路上应用被称为车辆自组网，它为行驶在高速的行驶车辆之间，很好的提供了一种高速率的无线通信接入方式。

车载无线电台。车载无线电台主要应用于公安部门，水利工程，铁路，航空，运输等行业，主要作用团体联络和工作指挥之中，无线电台主要以提高工作效率和沟通的局限和处理突发事情的紧急处理反应。在车载无线电台主要以接听广播电视，音乐为主丰富生活乐趣，缓解情感压力。

车载无线钥匙。随着科技的进步，对汽车行业的影响也在变大，汽车钥匙也在不断地改变，由原始的钥匙开车门到现在的远程遥控钥匙开门减少了钥匙开门的摩擦。遥控钥匙的工作方式主要有三种：主动工作方式，线圈感应方式和被动工作方式。其中主动工作方式是通过电子莫办和车身控制模板来控制车门，只需要按下按钮发出指令，模板接受并且验证后，即可打开 / 关闭车门。线圈感应工作方式是通过加密芯片放入钥匙内，在开锁时通过车身射频收发器验证是否匹配来发动点火装置。及时钥匙没电情况下也能正常发动汽车。最后是被动工作方式是只要触碰到车，就会发出识别信号，当发出的信号与所保存的信息相符合时车子会做出相应的反应防止不法分子的窃取，以提高汽车的安全性。同时当发出的信号和汽车内部的消息相同时，车门将会自动打开。当驾驶员进去车内，只需要按一下启动键，汽车就会启动，同样当驾驶员离开汽车的时候，也只需要按一下门把手，进一步提高了效率，安全技能也得到了提升。

在网络飞速发展的当代，而中国的信息市场才刚刚起步，但是中国有一个庞大的市场，这对无线电通信技术是一个极大的帮助，在这个科技引领未来的时代，科技又在不断的发展和创新，无线电技术在汽车通信技术方向的发展必将拥有更大的发展空间。

第八节　煤矿通信系统中应用无线以太网技术

煤炭开采过程中包含多个环节，包括煤炭开采、煤炭运输以及煤矿井下与井上之间的通信，任何一个环节都需要投入大量的人力和物力。尤其是在煤矿开采的过程中，既要保证开采的掘进速度和效率，又要保障井下工作人员的生命财产安全。关乎开采人员生命安全的一个重要工程就是通信工程，当前我国煤矿通信技术中最常应用的就是无线以太网，将煤矿通信技术与无线以太网技术结合，解决在煤矿开采工作中经常遇见的一些问题。同时，在煤矿的开采过程中应用无线以太网，还可以提高煤炭的开采效率，为企业创造良好的经济效益。

一、无线以太网技术的概述

在煤矿通信技术中会应用到无线以太网技术的很多个方面，比如频道聚合技术、序列扩频相关技术以及正交频分复用技术等。在煤矿通信技术中应用无线以太网技术有很多优势，与传统的有线以外网技术相比较而言，该种技术的成本投入更低、有更强的抗击干扰能力和灵活性。而且在无线以太网的应用效果更好，能够实现井下与井上的视频通话和语音通信。在煤矿通信过程中，以太网的应用既可以提高通信的效率又可以保障通信的可靠性和稳定性，在应用的过程中还涉及对工作人员进行的定位功能、视频监督功能和移动通信的相关功能。

二、当前无线技术的研究现状

我国很多煤矿的通信技术在很大程度上运用有线通信的方式，我国很多煤矿井下的生产检测活动以及相关的生产监控活动、人员的定位功能等都应用到了这种技术。当下我国主要采用语音通信的手段进行井下的交流活动，通信效率相对而言也较低，而且当下多种模式的通信手段都不是特别完善，有很多技术都处于正在研究的阶段。无线技术主要包括以下几种通信模式：大灵通的通信模式、泄露的通信模式、透地的通信模式、感应的通信模式。其中透地通信以及感应通信具有较小的信道容量，这就会使得电磁对无线通信技术带来一定的侵扰降低可靠性，在一定程度上也阻碍了其发展。煤矿开采用的小灵通技术来源于通信网络技术中的 PHS 系统，该技术也成了煤矿井下工作与井上通信的基础。与此相比，大灵通技术的工作波段较强，且有着较强的抗击干扰能力、移动能力，通话质量较高，稳定性较强，能够快速进行数据分组任务。但是，大灵通技术也有其自身的局限性，其功能较为单一，受到自然环境的影响较大，协议标准化程度不高，容易受到损害。因此，我们在应用的过程中不能单一的只应用大灵通技术。

三、煤矿通信系统中应用无线以太网技术的应用方式

无线以太网技术在应急通信系统中的应用。煤矿行业由于其独特的工作环境而具有较高的危险系数，应急通信系统是煤矿井下作业必不可少的通信系统，关系到煤矿开采的安全性，因此，应当保持应急通信系统中的稳定性，保持井下与井上的实时通信。煤矿应急系统涉及众多通信系统，包括大灵通、有线通信等，地面的局用交换功能是通信系统在运行的过程中常常依赖的。在遇到一些紧急情况或者发生严重灾害的时候，井下电路会断开，电路会遭到不同程度的破坏，相关的井下设备也会受到相应的损坏，更为严重的可能导致井下与地面的局端设备发生失联，整个系统都会瘫痪，增加运行维护的难度和投入。而在煤矿的应急通信系统中融入无线以太网技术就可以较大程度的缓解这种状况，VOIP 技术可以在煤矿应急通讯系统内部基站和手机在脱网的情况下依旧保持通信。煤矿开采的过程中遇到紧急情况会导致各种终端设备受到不同程度的损坏，而当应急通讯也同样遇到损坏的情况下还能保持实时的通信，就会给应急救援工作带来极大的便利，促进救援工作的高效进行。

无线以太网技术在人员定位系统中的应用。RFID技术可以实现人员的定位以及相关系统的创建等任务，这也是在煤矿通信系统中应用的一种较为传统的技术，这种技术的应用对于专业的系统和网络有着很高的依赖性。随着科学技术的不断发展，无线以太技术的问世，其在实际的应用过程中也体现了独特的优势，逐渐受到行业相关研究人员的重视。无线以太技术最先在海关和各大酒店中广泛应用，继而被推广应用至煤炭开采过程中来。在煤矿开采过程中的人员定位系统中应用无线以太网技术有以下几个明显的优势，首先，对人员的定位相对来说更为精准。其次，该技术可以利用场强以及信噪比对相关数据进行计算，并且能够严格按照协议规范标准应用到煤矿开采中的通信系统，在实际的应用过程中不需要单独设立网络和系统，就能够实现视频通信、语音通信以及数据的传输，有利于形成比较独立且完善的无线以太网技术系统。

无线以太网技术在风险监测系统中的应用。安全是煤矿生产的前提，在煤矿开采的过程中有很多潜在的危险。因此，对煤矿潜在危险进行全面的检测是很有必要的，有利于避免严重的人员伤亡，保障煤矿企业的稳定发展。在当前的煤矿开采过程中，煤矿的检测系统中包括瓦斯浓度传感器、有毒气体和粉尘传感器等，当监测物的浓度超标之后就会出现报警信号。目前上述的探测装置主要采用有线传输的方式，这种有线传输存在很大的弊端，发生意外事故或者断电之后便失去了监测报警的功能。而在煤矿开采过程中的风险监测系统中应用无线以太网技术，在传感器的探头上利用无线的方式进行安装，可以给井下的监测系统带来很大的方便，提高监测系统的稳定性。煤矿开采过程中会有瓦斯的泄露，当瓦斯浓度达到一定限度会发生爆炸等一系列危险。手持瓦斯检测仪是当前对煤矿瓦斯检测的一种常用的方法，携带较为方便，具有良好的性能，但是其检测的数据往往不能实时上传，无法实现共享。在手持瓦斯的检测仪器上应用无线以太网技术能够实现瓦斯检测数据的实时共享，当检测的瓦斯浓度出现超标现象时便于做出相对的应对措施。

无线以太网技术在煤矿开采自动化系统中的应用。自动化技术的发展和推广有利于节省大量的人力和物力，尤其是对于煤矿的开采工作来说，自动化技术既可以降低劳动强度，又可以提高开采工作的效率和安全性，当前煤矿的各个生产系统以及相关的监控系统都有了不同程度的自动化技术的应用。随着煤矿生产量以及监控设备的不断增大，传统的有线传输方式也逐渐暴露出一些弊端。比如在工作面位置和环境的影响下，链型的网络结构传输效率会大大降低。在架设线缆的过程中，如果井下的环境比较恶劣时，就会直接影响线缆的架设效果，进而影响煤矿开采现场的通信工作。在煤矿的自动化系统中应用无线以太网技术可以提供多种通信接口，如以太网、串行通信方式以及总线的通信方式等。这种接口与线缆相比较而言的灵活性较强，且无线以太网技术的应用还可以创建比较全面的自动化系统，且实时监测，数据的传输更加快捷方便。在煤矿开采的自动化系统中无线以太网技术的应用还可以促进子系统和相关设备的应用灵活性，在接入方式上也比较方便，提高整体的可靠性和稳定性，促进煤矿开采的高效进行。

当前我国煤炭行业的发展较为迅速，煤矿企业对开采的质量和效率都有更高的要求，煤矿开采过程中的技术以及相关的设备都应当跟上时代的发展。无线以太网技术在煤矿开采过程中的应用可以提高煤矿产业的安全稳定发展，对于提高煤矿开采过程中通讯效率，进行精准的人员定位，降低开采的风险系数，提高煤矿开采的自动化程度都有着积极的促进作用。因此，相关的研究人员应当重视煤矿通信系统中无线以太网技术的应用，促进我国煤炭行业的发展。

第九节　光通信行业的发展与光纤技术

一、光通讯的概念

光通讯的载体是光波，不同于一般以电波为载体的通信技术。随着科学技术的发展，光通讯已经在信息传输中处于重要地位，为构建各国的现代化信息高速公路提供了技术保障。资本主义国家更是把光通讯的快速发展视为推进国家经济发展的重要手段之一，把光通讯建设上升到国家战略的层面。

光纤通信是一种以光纤为载体，把需要的数据、图像等通过光载波形态进行传送的通讯形式。与电波的频率相比，其光波频率更高，且电波同轴电缆、波导管等介质耗损过快，费用较高，而光纤相对损耗较低，维护费用较少。正因为光纤通信的这些优势，才使其逐渐被大众认可，被广泛运用于人们的日常生活中。不过和其他高科技技术相同，从其研发成功到现在，这种技术得到了一次又一次的调整和改进，经历了一个漫长的发展历程。

二、光通信行业的发展

从古到今，人们在生活中就没有离开过通讯，尤其在古代交通的发达程度相对落后时，为了满足人们对远距离联系的需要，便想出了如烽火台点狼烟、飞鸽传书等通讯方式。之后通过科学家们的不断研究，人们又发明了电报等通讯方式。到了 20 世纪，历史上首条同轴电缆开始为人类服务。随着时代的发展，通信技术研发的脚步从没有停止，不过已经研发的通讯方式都存在一定的弊端，如电气信号，这种方式虽然速度较快，但必须要使用极多的中继器才能维持信号的稳定，保证不会因为距离的影响引起信号的消失；而微波通讯则因载波频率受丑束缚。直到多年后，光才被应用于信息传输中，但收效甚微，直到激光发明之后通讯效果才有所改善。20 世纪 70 年代，康宁公司研发出了质量较高且损耗较小的光纤技术，首次将每千米的耗减控制在 20 分贝，使光纤通信成为现实。

后又经过多年的研发，商用光纤通讯终于投入使用。科学家在 20 世纪 80 年代发明了单模光纤有效地解决了色散对信号质量造成的影响。在 7 年之后，其传输速率已极大提高，是第一代的 40 倍左右，并改善了传输功率和信号衰减等诸多情况，大大减少了中继器的使用。光纤放大器研究的成功可以说是光通信行业的丰碑，它使远距离快速的信号传送成为现实，促进了光通讯的广泛应用。

到了第三代，光通讯已经采用千纳米波长的激光作为媒介，极大地降低了信号衰减的状况，同时改用色彩迁移代替磷砷化镓铟解决脉波延散等问题。这一代光通讯达到了百千米安装一个中继器的水平，整体传输速率上升两倍。而第四代因为光放大器的使用，极大地减少了中继器的使用量，有效节约了使用成本。另外，波分复用的使用韶度将传输速率提升到一个新的高度。

光纤通信的发展趋势主要有两个方向：

全光网技术方向。这项技术在进行信息数据传输时，其整个过程都是光信号的形式，但到达客户终端之后则会转换成信息数据原来的形态。向这一技术方向发展，将会极大地提升信息数据的传送速率，有效减少了网络节点造成的数据信息负载量受限问题，而且光通讯的总体网络利用率也得丑了明显的提升。目前，国内在全光网络技术开发上还存在巨大的空间，但是相应的研究水平并不完善。针对这一问题，我们可以借助发达国家的科研成果进行解决。

光弧子通讯方向。所谓光弧子，就是 PS 数量级中特殊且光脉冲超短的一种技术，它的优势是即使是较远距离的信息传送，也不会对其波形及速度造成影响，始终保持原有的状态。光通信行业向这一方向发展，可以使光纤传输速率获得飞跃性的提高，同时实现对超短脉冲的有效控制。除此之外，可以减少服务器的投入，拓展光纤的传送长度，使其至少增加到 10 万 km 以上的距离。目前，国内光弧子技术的具体实施还是存在一定的难度，面临诸多问题，不过其距离较长且容量较大的优势使其即使是在海底，也能保持信号稳定的传送，因此，其在通信系统中具有极其重要的作用，发展前景广阔。

三、光纤技术的应用

光缆技术的应用。在光通讯中，电缆的应用时间最长，从原有的 3 个传输口上升为 5 个，光线的传输效率得到了有效提高，尤其是对全波光纤，传输效率的提升尤为显著。随着国内光纤生产技术的逐步提高，光缆生产已经可以达到低成本、高质量的水平，为其打开市场销路奠定了良好的基础。

光复用技术的应用。光复用技术的最大优势就是有效提升了信号传送的速率，可以达到同一光频率不同时段对多个数据进行传送的水平。此项技术的使用，不仅实现在目前技术水平中光纤应用效率的最大化，而且对光通信行业的改革也具有极大的促进作用。

续接技术的应用。在光纤使用中，要将光纤内芯进行准确连接以达丑损耗最小化的目的难度非常大，在不断的研发中专家研发出了万能熔焊续接机，并用其发展光纤续接技术，有效地解决了这一问题。在信号输出与输入端口，人们可以准确地掌握连接以及损耗的情况，并采取相应的工作措施。

通过本节介绍，我们了解到光通信行业的发展历史、未来的发展方向以及光纤应用等方面的情况。通过分析我们可以得出，光通信行业在国内仍有较大的发展空间，而光纤技术也会逐步提高，会对网络以及信息行业的发展起到积极的促进作用。

第九章 电子通信技术的实践与应用

第一节 电子技术在通信行业的应用

电子技术是一门独立的科学技术，与社会的许多方面的发展有着千丝万缕的联系。目前，中国的电子技术发展势头良好，在各个方面的应用都很好，在一定程度上促进了中国社会经济的发展。随着社会科学技术的不断加强，通信对人们日常生活的影响逐渐增大，电子技术在现代通信业中发挥着至关重要的作用，为通信业的创新提供了动力，因此需要电子技术。该申请需要进行某些研究，对于相关领域科研工作者和同行业工作人员具有十分重要的参考意义。

沟通与社会的发展密切相关。电子技术在社会各个领域的大规模应用及其在通信业中的应用可以促进社会经济的可持续发展。目前，在电子通信的发展过程中，存在创新能力不足，专业人才缺乏，区域发展不平衡等问题。然而，电子技术在通信行业的深度应用已经开始不断解决这一部分问题。

一、技术基本原则

在当前多样化的通信技术中，电子技术是一种非常重要的运作模式，传统的通信技术也有多种多样的模式。就目前通信和通信领域的差异而言，通信技术水平较低，发展过程中滞后较多。然而，随着电子技术在通信领域的广泛使用，高端技术也经常出现在通信领域。电子技术通信基本原理的运用，在一定程度上改变了传统模式，完成了电子通信的技术升级。

就电子技术生成原理而言，实际上有两种类型。首先是电子无线电的发送和接收。第二种是传输数据流。实际上，对于电子通信，它具体是指完成无线电波中移动电话数据的传输。此时，接收和接收信息终端是移动电话。任何类型的电子通信设备都在传输和循环信号上工作。在使用对讲机进行通信的过程中，传输数据类似于数据流技术，并且在发送和接收期间在设备的实现期间可以平滑地完成数据流传输操作。

二、技术在通信领域的实际应用

（一）在生产交流中的应用

应用程序管理中的应用。在电子政务系统中，这一级别处于核心地位，主要以电子政务和动态资源为管理对象。相关工作是监控和调度，规划和安排系统容量和动态资源。计划的能力是科学安排数据资源和计算资源，有利于更合理地存储数据和信息，并确保协调的应用时间和存储资源。动态放置是指系统提供科学和标准资源模板，以完成筛选，整理和存储资源的操作。电子技术的可持续发展和应用可以提高生产监督水平，简化复杂的工作程序，进一步保证企业的生产效率。

虚拟层中的应用。在这个层面，包括虚拟服务器，存储和网络，云计算的虚拟功能非常强大，这与传统的计算方法不同。在电子政务结构系统中，该层可以创建虚拟化的操作环境并反映隔离功能，有效地模拟物理设备，应用状态和实际环境的实际运行。有效平衡内部系统的功能和功能，科学安排资源，提高系统的便利性。由通信网络系统相关概述可知，通信网络系统构建的宗旨在于实现信息共享与交流，保证通信讯号能够准确、及时传递给接受者。因此，在保证信号安全的基础上，提升信号传输抗干扰能力至关重要。

（二）生活通讯中的应用

在电子通信技术的产生之前，人们专门使用通信和电报技术来完成信息传输。但是存在很大的时间跨度，这使得人们难以实现实时通信要求。随着电子通信技术的快速发展和不断应用，人们的距离逐渐缩小。通过科学使用电子技术，有效地满足了各种通信需求。在电子技术长期发展的前提下，人们不再受地域限制，成功地完成了信息传递和情感交流。这些变化促进了人们的生活和工作。另外，基于电子技术的快速发展，人们可以更好地实现远程学习，特别是电子计算机的大规模普及，以及通过远程终端更好地进行远程学习，这种教学方法突破了传统教学体系的局限，促进了教育体系的健康发展。

三、加强应用措施

持续创新。为了在通信行业中科学地应用电子技术，我们应该不断提高创新技术水平。技术是通信业可持续发展的动力，在生产过程中起着至关重要的作用。因此，在现代电子技术的具体应用中，除了需要注意合理运行外，还必须继续实施核心技术的创新。地方政府要大力支持通信行业技术创新的研究和发展，促进通信行业逐步提高创新水平，相应的企业自身也必须投入大量的资金进行技术研究和开发中心充分保证了创新研发的发展。

减少区域形成的差异。中国经济欠发达地区的通信业发展相对缓慢，呈滞后状态。对于地区之间的差异，政府应该给予强有力的支持，有效地调整内部结构，并依靠相互的互动与合作。在经济发达地区成功运营的企业可以将优秀的商业理念和技术应用模式传递给欠发达地区。为了快速发展，企业不能忽视电子技术的科学应用，为具有地区差异的城市安排技术交流研讨会，实现技术方面。沟通和学习，在经济欠发达地区全面推动沟通发展水平，最大限度地发挥分歧的决心。

培养更好的人才。当今时代的发展主要集中在人才上。现代电子技术特别适用于通过人才发展进行沟通。在企业发展过程中，人才已成为重要的竞争内容。如果企业想要应用电子科学技术，就需要认真建立一支专业的人才队伍。专业的高级研究团队应该掌握电子技术的特定应用领域和电子技术在开发过程中的特点，以便进行沟通。更好地利用电子技术。相关传播公司应定期组织技术队伍学习培训，不断加强专业理论知识的灌输，提高综合能力，有效激发技术人员的创新意识。同时，要努力培养技术研发人员，只有帮助这些人才扩大知识储备，才能促进企业的可持续发展，为中国通信业的发展奠定基础。

在通信网络系统中数字电子技术应用。

（1）信号转换：数字电子技术的数字信号分散使其能够转换通信网络系统中通信网络系统产生的模拟信号，并将模拟信号转换为数字信号，以增强信号的传输。网络系统速率和信息接收过程中，根据不同终端设备的信号要求，有针对性地改变信号类型，从而提高信息传输的质量和效率。

（2）信号加密：随着数字电子技术的不断创新，数字电子技术在通信网络系统中的应用可以在阶段，端点和网络系统链路上加密数据信息，从而增强通信网络。在系统运行期间，避免了数据信息丢失，网络系统非法入侵，数据信号失真等问题，提高了数据采集，存储，传输和应用的安全性。

（3）二进制编码：由于数字信号二进制符合计算机二进制算法，数字电子技术将通信网络系统中的信号转换为数字信号的应用可以改善系统中设备之间的信息共享并增强设备和设备，子系统和子系统之间的数据信号交换率。同时，与传统网络系统的传统模拟信号相比，基于二进制码的数字信号具有较强的抗干扰能力，可以满足远程通信需求。此外，数字电路应用的普及可以促进通信网络系统的集成。

（4）信息传输：在通信网络系统中应用数字电子技术后，网络系统首先进行信号采集并离散处理采集的信号。其次，量化离散信号以实现连续的值取向。有限色散值的有效变换；另外，根据设定的编码程序实现信号编码，从而实现数据和信息的数字转换，并通过诸如电缆的通信信道发送信息，以满足通信网络系统的通信要求。这包括满足费率要求和满足能力要求。

随着电子技术的飞速发展，电子技术逐渐开始应用于社会的各个方面。其在通信领域的成功应用可以在一定程度上迅速提高运营效率和质量，提高社会生产水平和生活质量，有效促进社会可持续发展。发展，因此研究电子技术科学在通信行业的应用具有重要意义。

第二节　煤矿无线通信新技术的应用

本节首先介绍了煤矿无线通信的特点，然后列出常见的传统煤矿无线通信技术，并引出了煤矿无线通信新技术，即拓展的 Wi-Fi 技术、WIMAX 全球微波接入互操作性技术和国内自主研发的 Mc　Will 技术，并展望了煤矿无线通信技术的优化方向，希望煤矿无线通信技术可以获得更好的发展。

由于煤矿工作的空间范围广，且地理条件相对较差，在井下作业时，复杂的环节和简陋的环境使得员工之间的通讯较为不便，一方面会影响到工作效率，一方面会引发安全问题，所以提高煤矿通讯的质量是十分重要的任务。在当前信息时代，如何运用新型的无线网络通信技术，提升井下通讯质量，是非常重要的问题。

一、煤矿无线通信的特点分析

通讯效率较低。在煤矿井下工作时，传播介质一般为半导体，这导致无线通信的频率相对较低，另外会大幅影响到电波的辐射能力。所以在实际的煤矿通讯中，如果不加入先进的技术，无线通信的效率并不高。

接收点信号薄弱。电波信号会随着无线电的长距离传播渐渐减弱，煤矿下面的电波信号减弱速度会比地面更快。另外在矿井下电波信号会受到各种折射和阻挡，衰减的程度增加。在上述情况下，接收点的电波信号会十分薄弱。

煤矿信号受到严重干扰。电波信号在煤矿井下传递时，不仅会因为折射和穿透阻挡等原因发生减弱，还会受到多重的干扰。因为矿井下用电设备较多，电源网络较为复杂，在工作过程中会影响到无线通信的网络信号，所以矿井下使用无线通信时，对其质量和功能的要求更高。

通信设备要求较高。矿井下面相比较地面来说，会有更多的灰尘杂质，且更为潮湿，这些简陋的环境条件都对无线通信设备的质量提出了更高的要求，相关单位需要对此提高重视，不要为了节省开支而购买质量不达标的通信设备。

二、传统煤矿无线通信技术

感应通信技术。感应通信技术很早就在国外被采用，它是一种利用电磁感应原理借助传感线传输信号的通信方法，频率通常高于几十千赫兹。基站发送电信号在感应线上传输，然后会在感应线周围形成一个以感应线为中心的交变同心圆磁场，如果移动台处于磁场的有效距离中，就会感测到相应的电压，放大并检测后便可获得发送的信号。相反的，当移动台发送信号时，在感测线路中产生相应的电流信号，并通过感测线路将其发送到基站。由于感应通信耦合衰减和传输衰减都比较高，所以通信距离不能过远，一般情况下不大于两千米。为了在整个矿井中实现无线通信，需要串入中继器，我国在几个矿山进行了试验后，发现电力不足和干扰较强使得该方法暂时没有普及。

漏泄技术。漏泄通信技术最早在我国发明并被运用在矿井工作中，是一种解决有限空间内（如矿井）通信问题的新技术。此技术利用高频的信号，借助矿井中铺设的漏泄电缆实现矿井中车辆和工作人员的双向通讯，可以克服矿井下面高强度的电磁干扰，解决高频信号无法在矿井巷道中自然传播的缺陷，此技术的发明使得有线电话通讯成为了历史，是当前矿井无线通信的一种重要手段。但它也存在一定的缺点，其只能进行人员间的通信联络，却并不能定位施工人员的位置，不能提高工作的安全性，需要进行一定的技术改进。

井下小灵通。矿用井下小灵通通信技术是为了保证矿井工作安全而使用的多功能无线通信技术。该技术与漏泄技术相比更系统化全面化，可以实现有线、无线系统之间的通信。矿井下的手机和手机至今、矿井下手机和地面手机之间、矿井下手机和地面固定电话之间等都可实现双向通信，更为方便快捷。现在国内的很多矿产企业都在使用井下小灵通通信技术，便捷的沟通提高了矿井工作的效率。该技术的一大优点是后期维护的成本较为低廉，使企业的运营和效益得到了大幅的提升。

Wi-Fi技术。Wi-Fi技术是基于互联网的通信技术，在矿井操作中的主要优势是较为灵活且成本低廉，此方式终端接收类型也较多。但是和上述的井下小灵通通信技术相比，其没有宽带的数据业务，在数字化通讯发展方向上没有前景。

透地通信系统。透地通信是一种用于紧急通讯的无线电通信方法，以大地作为电磁波的传播介质。透地通信系统由地面设备和井下设备组成，且双方都含有独立的主机和收发天线，另外矿井所用的透地通信系统采用了一种特殊的低频信号，可以穿透到较深的地下，信号经由矿石和土地传播，从而实现井下和地面的双向通讯，当发生突发灾害时，井下工作人员可使用此技术与地面取得联系。透地通信的优点是系统性能良好，体积小重量轻，操作方便，但其缺点是施工难度较高，且应用范围受限，所以一般只用于灾难发生时的紧急通讯情况。

三、煤矿无线通信新技术

拓展的Wi-Fi技术。随着人们对无线网络依赖性的增强，Wi-Fi逐渐成了新时代的发展方向，但是传统的Wi-Fi技术只能满足居民小范围的网络需求，对于远距离的信息传输来说，需要改进传统的Wi-Fi技术，所以拓展的Wi-Fi技术应运而生。该技术是基于Mesh系统的新型无线网络通信技术，Mesh系统是一种具有移动宽带特征，并可以动态拓展和平衡，且稳定性更高的新型网络结构。与传统的Wi-Fi技术相比，Mesh无线系统中每个节点都能与一个甚至多个对应节点直接通讯，且成本更低，通讯效果更强。拓展的Wi-Fi技术的一大优势是，如果近处的Ap信号被堵塞，数据信号会及时辨别并把信号快速切换到流量更小的Node上，在煤矿行业中运用拓展的Wi-Fi技术能提供更广阔的网络覆盖范围，且能连续不断地进行无障碍的信号传输，提高了煤矿行业信息通讯的质量。

全球微波接入互操作性技术。全球微波接入互操作性技术简称WiMAX技术，该技术是一种无线城域网技术，它可以实现一对一、一对多的信息传输，且其信号传输范围十分广，此种远距离传输的优势使得该技术不仅能实现无线网络的接入，还可以成为有线网络的无线拓展，拓宽了无线网络的传输面积。此技术不仅信号传输范围广，还能保证信号传输的稳定性，当前煤矿生产企业已将其作为一种大力推广的无线通信技术。

国内自主研发的Mc　Will技术。Mc　Will技术，全称多载波无线信息本地环，是我国自主研发的新型无线通信技术，它是一种宽带数据和窄带语音的融合接入系统，该技术的主要优势是实现了语音通信。国内目前开发的McWiLL系统主要有两个版本（R4版本和R5版本），其中R4版本主要应用于固定无线接入系统，服务于高速传输的宽带数据业务；R5版本则是面向移动的无线接入系统，能满足高速的数据和语音传输需求。该技术覆盖范围广、数据吞吐量高、并发用户容量大、能承载多种服务项目，在煤矿开采工作上能提高语音通讯的效率。

四、煤矿无线通信技术的优化方向

构建新型的移动通信系统。上文中可知，电波信号在矿井中的减弱程度较高，通信距离成了制约矿井通讯的问题，传统的数据和语音通信技术已不能满足当前矿井工作的通讯需求。当前研究的目的便是构建新型的移动通信系统，来解决矿井工作的范围广、信号弱等问题。可以引用全新的网络结构，采用 WiMAX 技术和 Mc Will 技术等新型煤矿无线通信技术，实现信号的远距离、高效率、稳定性传输。

构建自动化的数据共享系统。当前矿井的无线通信系统多为封闭式系统，通信协议和信息传输不兼容，想要与矿井中的其他监测设备关联十分困难，这时无法实现数据的大范围共享，对工作的开展起不到更大的帮助作用。所以矿产企业可以构建自动化的数据共享系统，实现数据的自动化上传和部分是设备的自动化操作，省却了管理人员下达指令的通讯时间，从而提高了工作的效率和全面性。

实现工作人员的定位和监督。除了提高无线通信技术，在具体的管理内容上，也应该加以重视。可以对地下操作员工进行实时定位，不仅可以监督其工作情况，还能保证其人身安全。另外还可以对矿井下工作人员的工作情况进行全面监控，这样可以合理规划开采线路，科学布局工作内容，这也是上述无线通信的目的之一，可以通过此种管理方式实现。

本节介绍了几种传统的煤矿无线通信技术，如感应通信技术、漏泄技术、井下小灵通、Wi-Fi 技术、透地通信系统等，并提出了几种新型的煤矿无线通信技术，包括拓展的 Wi-Fi 技术、全球微波接入互操作性技术、Mc Will 技术等，并在最后提出了煤矿无线通信技术的优化方向。

第三节　光电子技术的发展综述及其应用

光电子技术的应用十分广泛，如其在现代通信技术、先进制造技术、信息技术和国防领域中的应用。本节在对国内外光电技术发展现状研究的基础上，提出了光电子技术在激光、太阳能和 LED 产业中的应用，并对其应用前景进行了展望。

光电子技术的应用十分广泛，如其在现代通信技术、先进制造技术、信息技术和国防领域中的应用。不仅如此，光电子技术同时也是相关产业的核心技术。以 IT 信息产业为样例，光纤互联网，密集波分复用器（DWDM）和激光多波长光源都是 IT 业的物理基础。因此合理的分析光电子产业发展方向，把握光电子产业突出特点，将能够更好地使用光电子技术，为推进光电子技术产业的发展和社会经济的总体进步提供有力的保障。21 世纪初，人类已经进入了信息社会，随着信息需求的快速增长和对信息技术的重要性的认识的不断深入，信息技术产业正经历快速发展的，由此带来的经济增长点和经济爆炸增长模式比比皆是。所以，光电子技术作为信息科技领域的领头羊，不仅在经济的增长上作用显著，更是极大地推动了社会的进步。目前来说，科技进步及经济发展的增长速率已经十分缓慢，光电子技术犹如催化剂，其发展能极大地推动人类文明的进步。

一、光电子技术的发展现状

国内发展现状。1995 年光电子技术总产值约 10 亿美元，2001 年中国光电子产业产值超过800 亿元，目前继续高速发展中。近年来，中国光电子技术的研究水平已大体上趋于与国际同步发展的态势，整机系统以及器件的生产、制造等相关产业如雨后春笋般涌现，并呈现出一定的发展势头，我国光电子信息产业链基本形成。

近几年，由于光电子技术研究开发体系的不完整，促使训练一批高水准的光电子技术研究开发队伍成为迫在眉睫的任务。二十世纪以来，中国科学院建立了半导体研究机构，武汉邮电科学研究院建立信息发展研究部，中国科学院在长春建立了光学精密研究所，一些大学，如清华大学、吉林大学、天津大学、东南大学、南开大学、华中科技大学等也先后建立了光电子技术研究所，并同时组建起高水平的研究开发队伍。截止到 2016 年，各高等院校及研究机构已经在光电子材料、制作技术、器械等方面取得了突破，并有了显著进展。

国外发展现状。在国内外光电子产业中，对于光通讯产业来说，在 2003 年其增长速率跌落到谷底，与此同时，其回升斜率缓慢。但是，光电子技术、光显示技术以及光存储技术在各个产业中慢慢显露头角，应用范围越来越广，在照明装置及各类信号指示器中，半导体发光二极管取得了极高的使用率，若照这样发展下去，人类有望在固态照明的新领域开拓出一片绿洲。

光电子产业中，以美国和欧洲的发展为领头羊，美国和欧洲在光电子产业中的发展决定了整个产业的走向。发达国家早就已经意识到，光电子产业是一个朝阳产业，人类对其认识还尚处在皮毛阶段，光电子技术的发展空间广阔，可以渗透到各行各业并发挥出色。在二十世纪初，发达国家的科学家们就开始进行大量的基础研究工作。世界光电子技术产业的布局目前由传统的仪器设备和元器件，向高技术为主的产业技术转换的趋势。就目前来说，从技术高新、竞争激烈度和推动作用大致分为：现在技术，如激光和液晶技术；未来技术，如太阳能技术和 LED 技术。液晶技术又可以细分为显示屏的尺寸，显示屏的分辨率及刷新频率；激光技术里有固体、气体，输出功率等指标。不过，LED 技术目前只有亮度这一单一技术指标。对于未来技术中的太阳能来说，关键之处在于高效的把太阳光线聚集到足够小的体积内，用高分子材料作大口径聚焦镜不单是空间重量问题，也是技术加速降低成本的关键。

二、光电子技术应用与推广

近几年，光电子技术如洪水猛兽，迅猛发展，越来越多的领域意识到其重要性及不可替代性。同时，光电子技术凭借其普适性，不仅在微加工这类基础工业中发挥出色，更是在微机电系统、系统集成这种精密系统中起到了关键作用。特别突出的是，光电子技术在激光产业、LED 产业、太阳能产业有着重要的作用。

（一）激光产业

科学技术。激光具有很好的相干性、方向性、单色性和高能量密度，正是因为这些特点，在各个学科领域，激光都或多或少有所涉及，并形成了新的学科。如：激光材料加工、激光信息存储与处理、激光光谱学、激光医学及生物学、激光印刷、军用激光技术、激光核聚变及激光化学等，激光的应用在一定程度上促进了这些领域的科学技术进步与发展。

国民产业。激光现在我国正逐步成型，其中包括激光音像、激光加工、激光医疗、激光全息及激光印刷设备等，这些产业对我国经济增长起到了举足轻重的作用。例如，目前为止生产激光音像设备的企业举国上下已有 400 多家，1998 年激光产业已逐渐发展成为年产值 90 亿元以上的新兴产业。又如，将激光全息技术做一个拓展，应用于装饰装修业及全息模压防伪商标，不仅生活得到了极大的便利，相关国民产业也得到了迅猛的发展。

医疗产业。激光医疗技术在医疗卫生方面现已起到不可或缺的作用。对眼科来说，屈光性角膜切除术、虹膜切除术、巩膜切除等手术均需要激光设备方可实施。此外，激光在医疗诊断方面也效果出色，如激光荧光光谱测量技术被利用于诊断腹内肿瘤，激光多普勒技术用于探测细胞的流动及轨迹。

（二）太阳能产业

太阳能发电。二十世纪末，由于各国工业水平的提高，能源的需求量也日渐增加，因此，人类开始进入了能源短缺的时期。能源是否高效，是否清洁成了能源能否为人类长期使用的先决条件。目前，人类能源供应主要还是以煤炭为主，而煤炭是不可再生资源，消耗殆尽是迟早的事。为此，各大能源科研机构绞尽脑汁想找出新的可替代能源。而太阳能光伏发电不失为一种极好的替代选择。只要在光伏发电中应用光电子技术，使用得当的话，光伏发电的转换效率可以得到很大的提高，前景广阔。太阳能发电的方式通常有两种，其一是半导体或金属材料的温差发电，真空器件中的热电子和热电离子发电，碱金属热电转换，以及磁流体发电等；另一种方式是将太阳热能通过热机（如汽轮机）带动发电机发电，与常规热力发电类似，只不过是其热能不是来自燃料，而是来自太阳能。

LED 产业。

交通灯。适用于交通管制的信号灯，现已由 LED 制成。LED 信号灯占到整个 LED 市场的 10%。LED 主要有以下两个优点：一是寿命长，由于交通信号灯需要在户外使用，易损耗，而寿命长的 LED 灯可以保证使用多年而不需要更换。与交通信号灯易损坏完美的契合。二是节能环保，LED 耗电相当低，直流驱动，超低功耗，电光功率转换接近 30%，在相同照明效果条件下比传统光源节能近 80%。

景观灯。在照明领域里，景观灯占据 LED 材料应用一席之地。原因是，在光强相同的条件下，它所消耗的电能仅有普通白炽灯的百分之十，相比于一些大功率的射灯、气体灯，电能的节约效果越发明显。

作为时下新兴的一门朝阳学科，光电子技术凭借其在能源，材料，基础技术等方面的杰出表现，成功地被大家公认为最有前途的新技术。若加以有效的发展及应用，必将有效地推动社会科技的进步及经济的发展。

第四节　计算机远程网络通信技术的应用

　　时代的发展带来了技术上的进步，在今天，各行各业中的工作者大都是需要技术手段作为支撑从而更好地完成工作的，因此技术的研发和应用是具有重要意义的。然而技术不能是一成不变的，随着社会的进步，技术也应该不断进行创新，这样才能始终跟上社会发展的潮流。计算机技术就是时代发展的产物，是人类智慧的结晶，在进行应用这项技术的同时，科研人员已经又加紧了改进和创新工作，于是计算机远程网络通信技术也就应运而生。这种技术在远程距离上可以实现一台计算机到另一台计算机的网络通信功能，具有划时代的意义，改变了人们之间的交流方式，方便了人们的生活，目前在我国已经得到广泛应用。

　　技术是社会发展前进的动力，是国家经济向前发展不可或缺的因素。所以技术的研发，创新以及改进都很重要，而一切的目的都是为了更好的应用这项技术，让先进的技术能够为人们所用，充分发挥出先进技术的价值，为人类创造前进的动力。计算机远程网络通信技术就是一项比较实用又新型的技术，对于人们的交流方式和生活习惯产生重要影响，极大地丰富了人们对于此项技术的认知和理解，同时这项技术也逐渐地在各个领域中得到应用，为我国的经济发展做出不可磨灭的贡献。因此，这项技术本身就具有极大的应用价值和推广价值。

一、远程网络通信的原理

　　技术的研发和应用都是要依靠于一定的原理的，在知识层面予以保证，才有可能在现实生活工作中加强应用。计算机远程网络通信技术的应用也是具有一定的科学原理的，只有掌握了这种原理，才能加强对于此项技术的理解和改进。这是充分对这项技术进行应用的基础和前提。而其具体的原理的具体体现则是将计算中的数据通过一定的原理进而传输到另一台计算机之中，而这种原理及是依托于传输协议与网络技术实现的，这和网络 IO 技术具有极大的关联性，从而使得这种技术应用起来更加的方便，能够满足人们的基本诉求。

　　而其一个主要的功能就是可以向另外一台计算机表达诉求，人们通过将这种诉求进行发送，另一台计算机就会收到信息并且进行及时处理，二者之间可以利用远程网络通信的原理来形成交流。

二、远程网络通信的特点

　　随着时代的发展和进步，技术也在不断进行创新和应用，远程网络通信技术的出现给人们的生活增添了一抹亮丽的色彩。而其技术是具有特点和优势的，最终体现在它的功能上。这种通信技术就是通过计算机工具实现信息的互换，从而实现交流。因此，计算机技术和数字通讯技术使用的也就更加的广泛，并且随着时间的挪移，技术上也在不断地进行着改进。

　　而远程网络通信的特点和优势主要体现在比之传统的模拟通讯更具有极大的应用价值。现在人们的网络通信可以跨越地区、时间等各种因素的限制，实现相互之间的交流，这就是最明显的远程网络通信特点，最突出的地方就在于"远程"这两个字上，人们之间的距离变得拉近了许多。不仅如此，远程网络通信还具有抗干扰能力特点，在各种信息交错的今天，每天的数据量都是十分庞大的。因此，抗干扰功能的出现也是时代发展的要求，人们通过对其技术进行相应的改进，利用网络信号自身的特点，在抗干扰能力上也有所加强，为人们的信息安全和信息交流质量进一步提供了保障。而抗干扰能力的加强还与"中间放大器"这项装置有关，工作人员能够通过加装这项装置，最终使得通信讯号放大，所以网络通信的信号就比较强，抗干扰能力也就有所加强。

三、远程网络实现通信技术的条件

要想实现远程网络的通讯，最起码的首先要有一个通讯的通道，这个条件的好坏将直接影响的是整个通讯效果的好与坏，这个通道就是所谓的通信线路。在目前，被广泛运用的通讯的线路有这几种。对称电缆，这是一种带有多层绝缘层得导线，电磁场基本上就被限制在了技术的护套里面。因此受到外界的影响很小，但是仍然存在着相互回波的干扰，导致了传输率不是很高。架空明线，这种线是由双导线互相组成的，它容易受到外界的干扰。

实现远程网络通信的另一个非常重要的前提就是具备能够使得其实现的接口设备和终端设备，其实就是要借助于各类计算机作为一个重要的桥梁和纽带，这些设备就可以实现非常丰富的通讯功能，也可以使用选配的接口设备，但是只能实现比较简单的通讯功能。

网络通信技术的实现还要依赖于非常重要的远程通信转换设备，因为通信设备的功能要通过其在计算机上实现，如果没有了该设备传输的信息就无法接通按照人们的需求来转换。

网络控制软件也是实现远程网络通信技术的一个必要条件，这也是计算机对远程网络通信技术的一个主要作用方式，用户可以根据自己的需要来发出不同的指令，最终实现通讯的目的，远程网络控制可以是多种方式的，同时还可以根据自己的需要来确定数据以何种方式传输。

四、现实生活中的应用

MSN。网络远程通信技术在现实生活中的应用也有其具体的体现，微软公司的 MSN 软件就是一种比较新潮的软件，人们可以通过这个软件实现基本的信息交流，而且用户之间不仅仅能够实现文字的交流方式，还能够进行视频交流，这是一种即时信息交流的工具。这个软件具有一定的特点，首先给用户的自主权，聊天对象可以自己进行选择和决定是否加为好友，同时还能对这些聊天对象加以分类，有效的区别家人、朋友以及同事等，对于这些聊天对象可以进行有效的管理。而且微软公司对于此软件的开发还注重了加密性，尤其是对用户的信息登录过程采取了有效的加密机制。除此之外，其加密性还具体体现在黑名单的设置上，这能够有效地防止干扰现象的产生，为用户带来愉悦的网络通信体验，在使用过程中也能保证用户的信息安全。而随着时代的发展，公司对于这个通讯软件也做了一定的改进，增加了新的聊天体验功能，在背景、颜文字等方面都有了创新，资源上也能实现共享，极大地丰富了人们的生活，给人们的交流方式带来了便捷。

腾讯 QQ。计算机远程网络通信技术在我国企业中应用还体现在腾讯 QQ 上，腾讯 QQ 是一个具有企鹅标识的 APP，刚开始就是一个基于聊天功能的软件，这款软件一出现就深受人们的喜爱。人们可以通过这款软件随时进行网上聊天，可以缩短人们交流的距离，进而更加的方便了人们的生活。随着时代的发展，这款软件也有了改进和创新，目前视频和通话功能也都具有，现在俨然成了人们的主要交流工具之一。

而腾讯 QQ 具体的应用功能是基于计算机技术基础之上实现的。通过寻呼实现和其他好友之间的交流，信息可以自动回复，也可以用户自行接收和回复，体现了交流的便捷性。而对于具体功能而言，还能够随时传输文件、语音以及接收邮件等功能，同时还有人工智能机器人服务等，这是其软件应用中的特色体现。而随着这款软件视频以及通话功能的增加，它也实现了和寻呼机，GSM 移动电话消息系统等方面的互联，现在研发这款软件的企业已经和我国众多的通讯公司有了基础合作，推进其功能向更快更好的方向发展。

而实现这些功能的主要原理就是通过简单的信号利用通信设备实现最终的交流，而在网络通信中，使用的信号通常是比较简单的，对于通信设备的电路要求等条件就更为简单，所以在一定程度上远程网络通信的成本都比较低。在网络通信的过程中，集成电路是主要使用的电路类型，因其简单，耗能低等特点深受技术人员所喜爱，所以得到了广泛的应用，同时这种电路也不易发生故障。所以就促进了大规模集成电路的发展，在通信设备的成本上有所节约。有理由相信，在未来数字通讯设备极大的发展空间和推广价值。

改革开放以来，我国的经济得到了又好又快的发展，这与技术的进步有着紧密的联系，技术的进步是促进社会不断向前发展的动力。而随着工业化革命的发展，计算机技术已然成了一种应用普遍的信息技术，随着技术的改进和创新，近年来，计算机远程网络通信技术也已经得到了广泛的应用。这项技术依托于计算机工具载体而实现的网络通信，不仅改变了人们的交流方式，一些网络中出现的问题也得到了相应的解决，使得生活更加便捷，是一项重要的技术，对于国家的发展具有至关重要的影响。

第五节　计算机通信技术在电子信息工程中的应用

电子信息工程是一种建立在计算机网络与现代技术之上的信息传输、处理工程。目前在我国，无论是经济市场、国防科技、现代通讯等领域都离不开电子信息工程，它时时刻刻都影响着民众日常的生活生产。电子信息工程之所以能够发展到现在这个地步，是离不开计算机网络技术的。计算机网络技术的发展，再一次对电子信息工程进行革新和优化，因此才能够更好地服务于民众。本节笔者首先对电子信息工程进行分析，并在此基础之上详细的阐述目前计算机网络技术在电子信息工程中的应用。

随着现代科技的快速发展，电子信息工程已经应用到我们生活中的每个角落，无论是国家政府还是人民的日常生活，电子信息工程所扮演的角色越来越重要。它彻底改变了人民以往对信息的获得、取得和管理的方式方法，使得信息的处理能够更加的高效和便捷。不过要说的是，电子信息工程之所以能够发展到像今天这样为人们方便地使用，还要归功于计算机网络技术的发展。通过实现计算机联网来进行远程操作，是对电子信息工程的又一次优化和革新，它能够使电子信息工程对于信息的传递和资源的有效利用更加的远程和智能化。我国由于起步较晚，经济发展与发达国家也存在较大的差距，相对比发达国家而言，在计算机网络技术与电子信息工程的结合应用上还相对落后。因此，我国必须重视此两项技术的结合应用，这样才能为我国的经济发展建设提供更好的保障。

一、电子信息工程

电子信息工程是一种现代化的信息传输方式，整个工程系统可以通过电子方式迅速并准确的完成大批量信息的采集、传递和处理。此技术的实现主要是依托于计算机网络与各类现代化技术的结合应用以及硬件设备的搭建和维护。在当代社会的生产生活当中，电子信息工程已经得到了广泛的应用，对每个人都有着十分重要的影响。比如说现在普遍使用的手机、平板电脑、电子书等电子产品中都应用到了电子信息工程技术，也是组成电子信息工程的一部分。不仅如此，电子信息工程已经影响着各行各业的发展，现代社会已经是一个被电子信息工程覆盖的社会。电子信息工程的广泛应用，有赖于其自身的特点和优势。其主要特点在于：

高效。在对信息进行处理时，电子信息工程主要是依靠系统命令和硬件设备的相互结合应用来实现。这样处理的方式和手段，使得电子信息工程可以在同时间内对大批量信息进行有效的处理，并且信息处理速度快、效率高。而伴随着现代科学技术的不断发展，电子信息工程所需要的硬件设备也在不断地革新优化，这样一来，电子信息工程在处理信息时的速度和效率又将得到大大的提升，让它在信息处理上变得更加的高效。

准确率。电子信息工程对于信息处理的准确率之高是人脑所不可比拟的。这是因为，电子信息工程在实际的信息处理过程当中，是经由一系列的系统命令在对信息进行筛选和判断，并且系统命令还将对信息的处理结果进行反复的审核和监控，即便在处理过程中出现了错误，也能够及时的发现并予以修正，确保最后得出结果的准确性。

涵盖面。在电子信息工程当中，最显著也是最主要的一个特点就是其涵盖面十分之广，这是因为电子信息工程的主要作用就是对信息的处理。而在当代社会任何行业的生产生活当中，都需要对信息进行整合利用，以便更好地发展。而伴随着当代经济的不断发展以及科学技术的进行，现在已经是一个信息为王的时代，对信息的掌握程度和利用程度，足以影响一个人、一个企业甚至一个行业的成败与否和发展前景，因此每个人在不同的行业都需要电子信息工程的帮助对信息进行有效的整合利用。

二、计算机网络技术在电子信息工程中的应用

信息传递。在目前这个社会，时时刻刻都有着大量的信息产生，这些信息中有许多人们急需的信息，如何将这些信息快速地传递到正确的人的手中，就是我们要使用电子信息工程解决的问题。而利用计算机网络技术不仅能够保障信息传递的速度，同时还能保障信息在传递过程的安全性，使得电子信息工程能够更好地为人们服务。

信息安全。在现在这样一个信息社会当中，虽然信息传递的速度得到了大幅度的提升，但随之而来的就是信息在传递过程中的安全问题。近年来信息泄露的事情频发，引起了人们的广泛关注，信息的泄露不仅是对个人隐私的侵犯，同时也会影响到社会中各行各业的健康发展。造成信息安全问题的因素有很多，比如网络传输线路、系统漏洞等，这些都会威胁到信息工程的安全，给整个系统工程带来巨大的破坏和损失。因此，电子信息工程的相关工作人员应该要有过硬的计算机网络技术，这样才能隔离来源于信息网络不同的危险，以及当危机发生时，及时启用防火墙，将危险限制在一小块区域当中，尽最大可能地将信息安全问题所造成的损失降到最低。

技术应用。广域网（wide area network，WAN）技术是目前计算机网络技术在电子信息工程中最为人熟知的应用技术。广域网技术的通信传输主要是依靠同轴电缆和光缆来进行，而随着科技的发展进步，近些年来卫星通信也得到了广泛的使用。通过同轴电缆、光缆、卫星通信的相互辅助，广域网可以将处于不同空间的城市或者企业网络连接到一起，从而涵盖全球的网络服务范围。

硬件设备。当人们对构成电子信息工程系统所必备的硬件设备进行开发和研究的时候，同样也离不开计算机网络技术。这是因为伴随着计算机网络技术的发展，在电子信息工程中会使用到的各种数字信号的模拟以及运行机制都会有所不同。因此电子信息工程硬件设备的开发人员对计算机网络技术一定要了解并且应用自如，这样才能让电子信息工程跟上计算机网络技术的脚步，从而更好地为社会服务。

计算机网络技术在电子信息工程中得到了广泛的应用，为电子信息工程的发展带来了机遇，有利于信息的流通，实现了对信息更好的处理。在计算机网络技术的应用过程中，我们需要把握住电子信息工程的特点，充分发挥计算机网络技术的优势，推进电子信息工程的发展。

第六节　数字电子技术在通信网络系统中的应用

科技发展的突飞猛进使得通信网络技术进步迅速，而在通信网络技术不断更新换代的过程中，数字电子技术在其中起到了决定性的作用。为探究数字电子技术在通信网络系统中的应用状况，本节从数字电子技术在通信网络中的优势入手，对数字电子技术在通信网络系统、计算机网络等信息的数字化处理和传输方面的应用进行了一定程度的阐述和分析。

通信网络的普及促进了社会的发展和进步，数字信号作为网络信号传输的优良载体之一，使得数字电子技术成为通信网络系统的核心技术。因为数字信号相对于其他信号具有较强的稳定性和抗干扰能力，其在通信网络中的应用使得网络信号能够实现高效传输，而高效的信息传递对社会生产和人们的日常生活极为有利。因此对数字电子技术在通信网络中的应用进行深入研究是很有必要的。

一、应用数字电子技术的优势

传输安全性好。在如今的开放性网络环境中，如何保证信息在传递过程中的安全可靠是很重要的问题。而在通信网络应用了数字电子技术后，信息的数字化处理使得原本复杂的加密解密操作变得简单可靠，大大提升了通信网络的安全性，这在目前的网络环境中是十分实用的一个方面。

抗干扰性能强。在信号安全有保障的前提下，通信网络还有很重要的一个职能就是让信号准确无误的传输到接收者处，这就要求信号具备较强的抗干扰能力。数字电子技术在数据处理上具备明显的离散性特征，因此数字信号受外界的干扰较小，由此实现了信号的长途运输，有效地避免了信号在传输过程中受到干扰导致信号传输不完整、错误或者直接失败的现象，因此在通信网络中应用数字电子技术使得信号传输具有很强的抗干扰能力。

设备集成化。数字电子技术的应用，实现了信息传输、交换、存储的便捷性。这样一来，硬件设施将得到很好的优化，大幅减少了信息容量和设备运行功率，实现了硬件的集成化，有效地减少了空间占用。

二、数字电子技术在通信网络中的应用

信号的转化。数字电子技术与模拟电子技术是相对应的概念，数字电子技术的核心是通过一系列连续的信息数字化从而进行信号传递，随之诞生的数字信号与模拟信号不同的地方在于数字信号是一个离散的信号。具体表现为在时间和空间上数字信号都是呈现一个离散的状态，而对这种数字信号进行加工和处理以及传输的技术就是数字电子技术。但目前的通信网络系统中，模拟信号仍被广泛使用，因此信号的转化就显得尤为重要。因为模拟信号自身的传输方式比较单一，在大多数信息传输情况下，模拟信号都和数字信号混在一起，而网络信号以二进制信号为主，因此模拟信号转化为数字信号后才可以传输普遍应用的数字信号。而在将模拟信号转化为数字信号的这一信号转换过程中，数字电子技术的存在就显得十分关键。与此同时，数字信号也能够通过移相法重新转化为模拟信号。因此，数字电子技术的应用使得模拟信号和数字信号之间的转化成为可能，又进一步使得信息的传递变得方便快捷。

二进制编码的应用。一般情况下，数字信号的二进制特征与计算机使用的二进制算法十分吻合，这也就是说，在计算机设备中应用数字信号可以进一步提高计算机对信号和数据的交换、处理和存储速度，也可以更好地满足计算机联网的需求，这很有助于设备自动化、智能化发展的推动。除此之外，数字信号优于模拟信号的地方在于数字信号具备更强的抗干扰能力，无论是长距离传输还是短距离传输，数字信号都可以很好的保证传输准确性和高效性。同时，由于数字信号采取的是简单的二进制逻辑运算模式，因此在网络信息加密处理等方面具有很大的优势。而且目前越来越多的集成电路不断出现，因为数字电子技术的应用使得数字电路的使用日益广泛，与各类网络交换设备、通信设备的契合程度越来越高，在数字电路这方面数字电子技术的优势将体现得更加充分。因此在通信网络中应用数字电子技术，其编

码效率和应用范围将得到大幅提高，十分有利于综合性通信网络的形成。

信号的数字化处理。应用了数字电子技术后，信号数字化是通信网络运行过程中非常重要的一个步骤。其过程主要分为三个环节：

第一个环节是随机抽样，在实际的信号传输过程中，首先把模拟信号进行离散化，使其分散开来；第二个环节是量化，量化是指率先打乱原有信号的连续取值，将其视为有若干个离散值的过程，即连续取值转变为有限分散取值；最后一个环节就是编码，编码是通过预先设定好的方法，对文字、数字和其他对象等进行编辑以及整合处理，把数据和信息等转化成为数字信号流。比如将数据信息转化为电脉冲信号，把电信号视为离散信号以用作传输信息，之后通过各类芯片以及数字电路整体的作用，实现信号的数字化处理。在应用了数字电子技术后，经过数字化处理的信号，能够实现电缆等多种线路与卫星通道之间的高效传输。

对网络信息的处理和传输。"信息高速公路"的逐步形成，数字电子技术功不可没，数字信号作为网络传输的载体之一，其所具备的传输速度快、容量大等特点是其他信号无法比拟的。而且数字信号还可以对模拟信号进行处理和传收，同时数字信号还可以与模拟信号相互转化，大大提高了网络信息处理和整合的速度，构建了高效的通信网络。因此数字电子技术的应用，满足了网络信息传输的效率和容量需求，契合了通信网络的发展趋势。

综上所述，在通信网络系统中应用数字电子技术，有助于实现通信网络信息的高效处理和传输，从而实现网络系统信息高速公路化。数字电子技术通过把模拟信号转化为相应的数字信号，充分发挥数字电路在信号处理方面的强大能力，实现模拟信号和数字信号之间的相互转化，同样实现了通信网络的数字化。总之，数字电子技术在通信网络系统中的应用，使得信息的高效传输和传输完整性、安全性得到了切实的保障，其凭借自身明显的优势，为之后通信网络系统的发展和完善起到了关键的作用，同时也提供了坚实的技术基础。

第七节　计算机电子信息技术在即时通讯上的应用

计算机电子信息技术的不断进步开创了当今的互联网时代，人们的社交方式已经不仅仅局限于短信、电话，网络社交俨然成为当下人们日常社交中的主流方式，与此相关的便于即时通讯的网络社交软件也层出不穷，为人们的学习、工作、生活提供了众多便利。但是在即时通讯蓬勃发展的同时也存在着产品单一、信息传输不安全等亟待解决的问题。本节将进一步对即时通讯的应用现状以及未来的发展进行分析。

一、即时通讯的应用现状

社交网络是人们生活中不可或缺的一部分，我们与亲人、朋友甚至陌生人之间发生的相互接触、联络等各种关联构成了每个人独特的社交网络。社交网络是一对多或者多对多的，从早期的OICQ(网上聊天工具,由腾讯公司研制,QQ的前身)到后来的人人网、开心网的出现,社交网络在国内乃至全球范围内经历了一次又一次的变革和转型。随着通信技术和计算机网络的飞速发展,国际电信联盟组织预测移动宽带通信容量的需求到2020年将增加一千倍。可见信息化时代,人们越来越不满足于现阶段已有社交网络的通信质量和通信速度,保密性更好的一对一交流方式已经成为人们日常交往中的重要构成。高效、快捷、保密是人们对于利用社交软件等网络终端进行社会人际交往的主流需求,即时通讯的出现很好地满足了这一需求。依靠运营商的短信服务是人们最先接受的即时通信方式,继短信之后,邮件依托互联网平台,使视频、音频、图片等多种消息格式的相互传输成为可能。互联网时代相关软件的兴起颠覆了传统的通讯方式。例如国内的QQ、微信,国外的MSN、Twitter等产品,一经发布就受到广大互联网用户的普遍欢迎,更方便用户在网络上即时的进行信息交互,即时通讯的功能也日趋丰富和完善,从一个单纯的聊天工具转变成一个用户可以及时获取各种资讯、进行海量搜索、办公协作等功能的综合化信息平台。

二、即时通讯在计算机电子信息领域的相关技术

推送技术。即时通讯的兴起与发展离不开电子信息通信技术和互联网的发展和进步,自2008年以来,智能移动设备逐渐普及,相比于电脑来说,手机的使用门槛更低,普及率也更高。据中国互联网发展状况调查报告显示,手机上网是中国网民增长的重要因素。

手机系统目前主要有iOS和Andorid两大操作系统,基于不同的底层架构和操作系统及网络应用的限制,其各自的推送系统都存在一定的局限性。现有的即时通讯协议中,XMPP、SIP/SIMPLE、PRIM、IMPP是四种被公认的较为主流的通信协议,得到了广泛应用。XMPP协议基于XML,是一个开源的、扩展性较强的即时通信协议。由于XMPP复杂的协议结构,使得开发组可以利用该协议给客户端的应用程序开发新的功能,软件与软件之间除了可以相互传送简单的文本信息以外还可以传输多种类型的文件和复杂的数据。

考虑到XMPP协议存在的信息冗余问题会造成流量和电力的浪费,IBM和Eurotech公司联合开发了另一款即时通信协议——MQTT协议。MQTT同XMPP一样,十分灵活并且可扩展性强,除此之外它采用Messageboker的服务代理器,服务器会根据客户端发布的消息类型,按照通信协议规定进行推送,同时也可以筛选消息类型发送给不同的客户终端。这种模式极大地减小了传输的报文长度,降低了传输功耗,因此,MQTT协议被广泛应用于物联网场景中。

服务端框架的设计。即时通讯分为客户端和服务端两部分,为了保证服务质量和服务效率,服务端的框架设计是即时通信技术研究的重中之重。传统的通信技术中服务器不会对业务流进行区分,造成通讯时延较长,而即时通讯为了保障通讯的实时性需要从所有的业务流程中提取出核心的业务流程,从核心的业务流程出发来设计服务端的整个框架。当服务器需要与各个组件进行交互的时候,业务流程主要包含以下几点:(1)账号管理,保证客户能够自主的在终端实现数据的增、删、改、查功能。(2)即时消息管理,保证用户能够及时地发送消息给

服务器，并且能即时的从服务器端接受消息，并且能够保存想要的数据。(3) 状态管理，是即时通讯系统的核心业务流程，能够查询用户状态信息，实现同步管理。(4) 群组管理，也是即时通讯系统的核心业务流程，该部分包含多项业务，其中最主要的部分是成员管理和群主信息管理。(5) 联系人管理，是对客户端自主添加保存的联系人进行增加、删除或修改的操作，也属于即时通讯的核心业务流程。

服务端框架的实现。要想在技术层面实现设计好的服务端框架，首先需要统计即时通讯系统的所有业务，按照层次分类，理清楚该系统的核心业务和次要业务，得出即时通讯服务端的逻辑架构图。按照服务职能的不同，服务端的架构主要可以分为以下几部分: (1) 职责链层，当网络事件需要在服务端进行传播时，职责链层会通过一定的审查机制保证这些网络事件按序传播。同时，根据用户的注册情况，职责链层可以排查筛选出每个用户的兴趣点，并且拦截与用户兴趣无关的网络事件，能够使服务端构架实现分层隔离。(2) 业务逻辑层，是属于职责链路层的上一级管理层，管理职责链路层的相关业务，十分灵活，并且可以进行消息发布，开展服务端对话，以及管理协议订阅相关的工作。(3) 通信调度层，相比于前两个层面扩展性较低，负责职责链层的后续处理工作，当服务端发起连接并开始进行数据传送时，通信调度层会统计连接时间和数据的传送时间，保证链路的可用性，避免拥塞。即时通讯服务端框架的三个层次各有侧重点，职责也不尽相同，在从技术层面实现框架的时候就要保证这三个层次工作都能有效开展。

各组件的设计。要想在用户的移动终端最终实现即时通讯的功能以及相关应用，除了服务端的框架设计以外还需要连接各个组件。(1) 数据库组件，当数据在网络中进行传送时，需要调用数据库组件来建立或者断开与服务端数据库的连接，能够实现数据库内数据的增加、删除、修改等基本功能。(2) 通讯控制组件，用户之间进行即时通讯时需要依照通信协议的规定，该组件主要负责在通讯开始之初建立端到端的连接，并且能够发送指令启用即时通信协议。(3) 报文处理组件，数据在链路中传送是通过报文的格式，所以该组件主要负责创建不同的报文格式，并且处理与报文接口的对接工作。(4) 即时服务组件，是业务层的相关组件，主要负责处理业务逻辑，保证能够正常开展即时通讯业务。(5) 数据报文组件，是数据层面的组件，属于报文处理组件的底层组件，保证报文数据以二进制的格式在用户终端与服务器端进行有序收发，并且在服务器端对收到的封装好的报文数据包进行编、译码的处理和解析工作，还原真实的数据流信息，避免传输失真。

三、当前即时通讯系统的安全进展和存在的问题

安全进展。即时通讯软件的安全性一直是亟待解决的难题。目前市场上的大多数开发商都将即时通讯软件的功能完备、实用性强作为开发的首选指标，以此来吸引更多的用户，而因为安全性往往不能在短时间内为其创造利润价值，从而很少受到关注。目前主流的即时通讯软件，例如 QQ，微信等只能提供简单的身份验证这样最基本的安全功能，用户对他们在网上传输的信息流是否安全加密传输，还是中途被第三方恶意软件包截获等信息一无所知。美国电子前沿基金会在前一段时间开展了一项关于目前市面上主流的即时通讯软件安全性调查

的项目，调查对象包含了美国的 WhatsApp，日本韩国的 Line，MSN，以及中国的 QQ 等几十个软件。据调查结果显示，这些软件在应用功能上丰富多彩、种类繁多，但是就用户安全、消息加密传输方面得分普遍较低。

普通用户可能对即时通讯的安全性关注度并不高，但是就企业而言，安全通信往往是企业内部的关注要点。我国早在 2015 年就已经将即时通讯的安全风险以及可能引发的相关问题做出了细致的管理规定，从一开始软件注册可以一人多号，逐渐改进到后来必须在后台进行实名认证等相关的管理规定。同时手机卡的实名购买也为即时通讯软件的安全管理做出了不小的贡献，软件后台可以锁定用户进行注册时的手机号码，在安全验证时向该手机实时发送短信验证码，防止有人通过恶意软件窃取他人用户名和密码或者一人多号情况的发生。此外，国内的很多科研院所、高校和企业也在研发安全可控的即时通信系统，创造良好的网络社交环境。

即时通讯软件存在的问题。即时通信产品蓬勃发展的同时也存在着一定的问题。首先市场上的即时通讯软件产品缺乏创新点，纵观市面上的主流通讯软件，其功能和面向用户大多雷同。仿照国外的 ICQ 软件，中国腾讯公司开发的 QQ 软件最先打开了中国即时通讯软件的市场，有此成功案例作为榜样，国内众多互联网公司开始争相模仿开发与 QQ 功能、界面都极为相似的软件产品。在 2013 年中国移动推出的飞信其实是区别于 QQ 的一个很好的即时通信产品，当时的受众也很多，尤其是面向一个群体内部来说，飞信的功能非常简单实用，但是由于其管理、经营不善很快遭到了市场的淘汰。其次，软件与软件之间缺乏互通性，无法相互兼容，例如国内的客户需要与国外的客户进行业务上的沟通交流时，除了电话以外，互联网上的即时通信也是很有必要的。但是国内的主流即时通讯软件并不支持与国外的此类软件进行互通交流，因此用户往往需要重新下载对方正在使用的软件，造成手机内存和资源的严重浪费，也限制了通信行业的发展。

当今时代是大数据的时代，我们身处的环境无时无刻不被各种信息数据所充斥，由于工作、学习和生活的需要，即时通讯软件的市场受众将会与日俱增，相关软件的可视化界面和提供的功能也将越来越多样和友好。更细致的来看，青年人和老年人对于此类软件的操作页面和功能需求有很大区别，工作种类不同的人对于与其工作相关的即时通讯软件的需求也大不相同。因此，不同年龄或不同文化层次的使用者将导致即时通讯的未来朝着多功能方向发展。同时，我们在网上交流、搜索的过程都会被服务终端收集整理，通过推送、广告等多样的形式回馈到每一个用户终端，我们在通讯过程中产生的数据和文件在很大程度上泄露了我们的隐私。因此，保密性和安全性是当下开发即时通讯软件的互联网企业的技术创新热点。随着电子信息技术的不断创新与发展，以即时通讯为代表的通讯方式将会在社交网络上不断更新进步，从而给用户提供各种便利，不断丰富人们的生活与工作。

第八节 无线通信技术在远程数据监控中的实际应用

当前是信息化时代，不管是在通讯速度上，抑或者是在通讯方式上都较之前有了非常明显的进步。按照实际生产生活当中的需求，大部分电子信息领域中比较重要的技术都有了很大的融合，并且在生产生活中日益显现出了效果。本节对无线通信技术与远程数据监控进行概述，然后对无限通信技术在远程数据监控中的应用进行了分析，最后对无线通信技术与远程数据监控融合的实际应用进行了深一步地探讨。目的是在实际生产过程中，提高人们对无线通信与远程监控技术的有关认识。

随着电子科学技术的不断进步和发展，这也在很大程度上便捷了人们的通讯方式。紧密的融合无线通信和远程监管控制技术，可以在人们生产工作中发挥着不可或缺的作用。特别是在部分生产较为恶劣的环境中，人很难长期的处于此种环境下进行工作。借助远程的数据监控，可以更加准确的实时监控生产中的设备设施，在运行期间，一旦有设备在某一个环节发生了问题，监控系统就会有相应的预警信号发出，这样人们就可以对存在问题的设备，实施相应的修理或者是调整等措施，确保生产的有序进行。

一、无线通信技术与远程数据监控概述

无线通信技术概述。无线通信作为一种传输媒介，其主要是以电磁波为主，在空间中将自由传输的信息传递方法得以实现。在实际进行生产期间，无线的通讯可以对众多的人力消耗进行有效取代。除此之外，无线通信技术对比有线通讯来讲，其具有施工用时短、传输信息安全性高等显著特征，由于无线的通信技术有着非常多的优点，这也让其在具体生产中的使用范围越来越大。

远程数据监控概述。远程的数据监控主要包括两个方面，其中监管主要是通过对网络媒介的利用，从而达到对相应信息获取的目的，而控制则主要是通过网络对计算机等有关电子信息设备的利用，从而让远距离操控得以实施的一种方法。远程监控技术使用范围比较广泛的领域，主要集中在计算机及视频监控等有关领域。在生产过程中，远程监控的应用比较简单，而且操作功能也非常的强大。不但如此，其使用过程中还有着较高的安全等级，对于不同管理的需要可以进行较好地满足。

二、无线通信技术在远程数据监控的应用

无线通信技术的DTU模块。DTU模块，其主要是指无限模块在接口处的功能板，针对用户，可以提供远距离的运输功能。在远程数据监控过程中，传感器和站点局域网FSU两者之间实施内部组网，借助站点内部部署的外部DTU模块等实施连接，无缝隙连接末端和互联网，往后台监控中心进行传输，然后对服务器进行集中监控，进而让远程数据监控的功能得到了较好地实现。

作为无线数据传输模块，将本地所监控的数据，实施 4G 等网络，经过 DTU 打包后然后进行封装，最后用于无线传送。使用非常便利，在各个行业设备监控等领域当中得到了非常多的应用。事实上，实现 DTU 数据传输功能，主要是借助 4G 等网络而达到的，将 SIM 卡插入之后，可以自行拨号进行上网。DTU 拥有操作便利、实用性强等优点，受到了非常多人的追捧，在智能电网行业当中被得到了广泛的应用，这些行业的有关人员，能够借助 DTU 技术实现透明传输数据信息，进而达到对其远程监控的职能。

DTU 在远程数据监控中的应用。现阶段以 DTU 为主流，均拥有实施 4G 等上网的功能，主要有两个版本，分别为五模版本和七模版本。DTU 的功能主要有：DTU 可以提供参数配置支持，并能够将其配置好的参数，在存储器当中进行永久的储存；拥有串口数据双向转换的功能。将其串口上所具有的原始数据，往 IP 数据上进行转换，并对其实施传送。

当实施 DTU 对数据进行传输的过程中，可以将系统分为 DTU 模块相连、中心服务器等。其中中心服务器作为非常重要的一部分，可以实施如下的接入方法：中心实施计算机和固定 IP 相结合的方法，借助监控点等和中心相连接，拥有安全性高等优点；中心对计算机移动 APN 专线进行使用，其中所用的点主要都是采取的内网固定 IP；中心网络实施互联网固定域名解析和计算机相联合的方法。当前，此种方式主要实施 DNS 和动态 IP 两者相结合的形式，即中心公网。其中，所开通的动态域名，能够先由 DNS 服务商和客户之间进行协议的钦定，从而将网络互通得以更好地实现。DNS 服务器连接以实施域名寻址为主，中心公网 IP 的建立和连接，主要是基于 DNS 服务器这一前提而实现的。此种方式对于公网固定 IP 费用的节约是非常有帮助的，可以让企业的经济效益得到显著的提高。

远程数据建监控需要注意的事项。要想让无线信号的质量得到充分的保障，就需要在离天线走线比较近的位置，进行有关无线通信模块的摆放，这样对于数据天线的增加，还有 GPS 定位天线的布线都是非常方便的。同时还要不断加强管理模块 SIM 卡，还有通信流程卡，防止因为费用问题而造成监控中断问题的发生。

三、无线通信技术与远程数据监控融合的实际应用

通用分组无线服务技术的应用。通过全球移动通信系统服务功能，实现对通用分组无线服务技术的延伸，是一种新型的信息传输技术，在移动通信中有着较为广泛的应用。通用分组无线技术在对数据信息进行传递的过程中，主要是借助封包的形式而得以实现的，基于此，此种技术具有资料信息传输价格低的优势。通用分组无线服务技术，能够高速传输大容量的数据文件，此种技术的实现在使用的同时，还可以将大部分连接网络的复杂步骤省略掉。而在对互联网页面尽心访问的过程中，只需要几秒钟的时间，就能够借助分组无线服务，对访问进行执行的请求。

和以往全球移动通信系统有所区别的是，通用分组无线服务技术优化了信息通讯的方法，这就在很大程度上方便了互联网的连接。此种无线通信技术，在一些工作危险系数较高的领域中，如煤矿等领域中都得到了非常多的应用。因为这些领域需要实时的监管生产信息，而

在引入通用分组无线服务技术后，就可以极大程度上的提高远程监管的效果。除此之外，在对通用分组无线服务技术进行使用期间，针对网络之间互接的协议的地址，使用者是需要获取的，只有这样才可以和互联网络相连接。基于此，可以将和固定的网络之间互联的协议的地址，在生产有关的内部网络中进行设置，这样对于使用者迅速便捷的接入互联网是非常有帮助的。针对通用分组无线服务技术，在实施网络布线期间，需要介入 APN 的专线在中心服务器中，只有这样才可以充分保障，通用分组无线服务网络的正常使用。针对煤炭生产人员而言，人员在日常工作当中有着较大的流动性，这就在一定程度上增加了分组无线服务网点数据转换的难度。因此可以按照矿田的具体情况，来对互联网的路由协议系统进行有效地建立，从而保障煤矿可以安全地运行。

数据传输单元模块的具体应用。数据传输单元可以通过对无线的通信网络的利用，从而将串口数据间的转换等得到较好实现，并实施传输的一种无线的中断设备。对于数据传输单元硬件而言，电源模块、无线通信模块还有中央处理器控制模块是构成其的主要模块。在建设期间，数据传输单元并不需要过高的花费，网络组建也无须消耗过长的时间，这样能够很大程度上扩大互联网使用范围的覆盖面，针对需要扩大面积监控，还有管理的工作是比较适用的。现阶段数据传输单元在地质勘探等领域中应用的较为广泛。

要想对数据传输单元模块进行充分的利用，从而达到远端设备数据的无线传输功能，就非常有必要将数据传输系统建立的更加完善，而这就需要将前端还有后台的有关配合工作做充分。前端部分最重要的就是，连接使用者的设备和数据传输单元，在正式运行之后，再对分组无线服务网络进行连接，在这之后再连接后台的套接字实施连接。在建立完成这样的一套数据传输系统后，就可以将信息数据的双向传输功能得到非常好的实现。在远程监控期间，数据传输的稳定性问题，一直被大家所关注，这和数据传输单元的选择有着非常密切的关系。基于此，在对数据传输单元进行选择的过程中，非常有必要和实际的工作环境相结合，在结合之后就可以检测数据运输单元是否具有我内定性。这样不但可以确保后期数据传输单元模块，可以有一个较为稳定的运行，还可以将远程监控的具体使用效果得到显著的提高，充分的保证大面积开展远程监控的质量。

在具体生产期间，应该和实际的生产环境相结合，不但如此还应该满足远程监控的实际需要，从而规划好无线通信设备的布线。与此同时按照不同行业所具有的工作特征，针对远程的数据监督管控系统，要不断地加强和调试器所拥有的软件和硬件。通过对有关电子监管设备进行不断的完善，从而将日常生产过程的安全性得到显著的提高，在对生产人员进行充分的保障下，通过对电子信息技术的利用，从而将生产效率得到进一步的提高。

参考文献

[1] 黄硕鹏.移动通信技术的发展及其对人类生活的影响 [J].信息通信，2012（3）.

[2] 刘志远.浅析移动通信技术应用和发展 [J].电脑知识与技术，2011（13）.

[3] 申剑.试论电子信息技术的应用特点与未来发展 [J].科技创业家，2013（12）：49～50.

[4] 李勇.云计算对信息服务的影响及存在的问题 [J].情报理论与实践，2009(12).

[5] 肖斐.虚拟化云计算中资源管理的研究与实现 [D].西安：西安电子科技大学，2010.

[6] 吴奇义.电子政务前沿与案例 [M].北京：中国电力出版社，2007.

[7] 嵇绍宏.电子通信技术的多领域应用解读 [J].计算机技术应用，2013.

[8] 邓智群，郭玮.电子通信技术的多领域解读 [J].电子技术与软件工程，2015(04).

[9] 赵小莹.电工电子技术的多领域应用 [J].数字技术与应用，2014(10).

[10] 王丹影.电子通信技术的发展研究 [J].现代信息技术,南京:南开大学出版社,2011,（04）13-15.

[11] 嵇绍宏.电子通信技术的多领域应用解读 [J].电子技术与软件工程，2013，（19）：16-24.

[12] 张颂歌，高书强.无线电子通信技术的应用安全分析 [J].科技传播，2018，20（08）：149-150.

[13] 李在林.无线电子通信技术应用安全浅析 [J].信息通信，2016，30（11）：211-212.

[14] 姜志平.无线电子通信技术应用安全探讨 [J].数字技术与应用，2018，36（08）：189+191.

[15] 张靓.无线电子通信技术的应用及安全分析 [J].无线互联科技，2018，15（23）：10-12.

[16] 刘宸.无线电子通信技术的应用安全 [J].电子技术与软件工程，2018（11）：228.

[17] 李娜，徐书雨.基于单片机控制的智能多相位交通控制信号机 [J].自动化与仪表，2005，14（16）11：178-181.

[18] 李克强.汽车智能安全电子技术发展现状与展望 [J].汽车工程学报，2011，10（12）02：14-17.

[19] 自动化技术、计算机技术 [J].中国无线电电子学文摘，2010，13（15）06：166-242.

[20] 方立.电子通信技术的多领域应用 [J].新材料与新技术，2016，42（8）：29～30.

[21] 张文国.关于电子通信技术的多领域应用探索 [J].工程技术：全文版，2016（12）：242.